COFFEE CUPPER

APPUCCINO latte mocha COFFEE CAPPUCCINO latte mocha
cafe AMERICANO cafe AME
spresso espresso
AFE LATTE coffee ESPRESSO cafe LATTE coffee
SPRESSO americano espresso americano
latte cafe LATTE latte ca
atte coffee cafe latte coffee
mericano FRAPPUCINO americano FRAP
APPUCCINO CAPPUCCINO
cafe cappuccino cafe
appucino cafe frappucino cafe
FE AU LAIT americano cafe CAFE AU LAIT america
espresso latte espress
tte mocha coffee latte mocha
mocha mocha
APPUCCINO latte mocha COFFEE CAPPUCCINO latte mocha
cafe AMERICANO cafe AME
spresso espresso
AFE LATTE coffee ESPRESSO cafe LATTE coffee
SPRESSO americano espresso americano
latte cafe LATTE latte ca
atte coffee cafe latte coffee
mericano FRAPPUCINO americano FRAP
APPUCCINO CAPPUCCINO
cafe cappuccino cafe
appucino cafe frappucino cafe
FE AU LAIT americano cafe CAFE AU LAIT america
espresso latte espress

COFFEE CUPPER

| **최금정** 지음 |

지은이 **최금정**

2001년 안목해변에 커피커퍼 1호점을 연 것을 시작으로 해서 지난 20여 년 동안 강릉 일대에 커피 문화를 심고 가꾸는 일에 종사해 왔다. 2000년 왕산면에 커피커퍼박물관을 열었고, 2016년에는 중국 윈난성 망시에 커피박물관을 설립했으며, 2017년에는 경포에 대규모 커피커퍼뮤지엄을 개관했다.
2008년 제주도 여미지식물원에서 들여온 커피나무를 강릉에서 재배하여 현재 우리나라에서 가장 오래된 커피나무를 보유하고 있으며 매년 원두를 직접 생산하고 있다.
2011년부터 현재까지 강릉 커피박물관 관장을 맡고 있으며 주식회사 커피커퍼의 대표이기도 하다.
커피 문화 산업 전반에 걸쳐 다방면으로 활동하는 저자는 강릉관광협회 회장직과 대한적십자사 강원도지사 여성봉사특별자문위원을 지냈다.
현재 강릉관광진흥협회 고문과 강원여성지도자포럼 부회장, 강릉문화원 이사, 강원여성 경영인협회 강릉회장, 강릉시종합자원봉사센터 이사직을 겸임하고 있다.
2013년 GTI 국제무역박람회 대상을 수상했고, 2015년 한국외식산업경영인 대상, 2016년 K-BIZ중소기업중앙회 대상, 국민대통합위원회 우수상, 2018년 강원지방중소벤처기업청장상 등을 수상했다.

커피커퍼

초판 인쇄 2019년 5월 25일 **초판 발행** 2019년 5월 31일

지은이 최금정 **펴낸이** 김광열 **펴낸곳** (주)스타리치북스
출판총괄 이혜숙 **출판감수** 이은희 **출판책임** 권대홍 **출판진행** 황유리 **편집교정** 송경희
본문편집 권대홍 **사진촬영** 이성민 **어시스트** 조 제 **홍보영업** 강용구

등록 2013년 6월 12일 제2013-000172호 **주소** 서울시 강남구 강남대로62길 3 한진빌딩 3~8층 **전화** 02-6969-8955

스타리치북스 페이스북 www.facebook.com/starrichbooks **스타리치북스 블로그** blog.naver.com/books_han
스타리치 잉글리시 www.starrichenglish.co.kr **스타리치몰** www.starrichmall.co.kr **홈페이지** www.starrich.co.kr

값 22,000원 ISBN 979-11-85982-60-1 13590

프/롤/로/그

제주에서 강릉으로 커피나무를 옮겨 와 심은 지도 어느덧 10여 년이라는 짧지 않은 세월이 흘렀다. 지난 2000년 초 왕산면 산자락에 커피커퍼박물관을 처음으로 세우고, 반평생 수집한 커피 관련 유물들을 세상에 선보이며 행복해했던 일이 엊그제 일처럼 오롯이 내 기억 속에 남아 있다. 또 커피 농장에서 길러 낸 나무에서 커피 열매를 수확하고, 그 원두로 커피를 만들면서 감격해 했던 일도 결코 잊히지 않는다. 2001년에는 안목해변에 커피커퍼 1호점을 열었고, 그 후 분점 몇 곳과 해외에 박물관도 개관하면서 그야말로 눈코 뜰 새 없이 커피와 사랑에 빠져 살았다. 그리고 2017년 경포에 커피커퍼뮤지엄을 열면서 2018 평창 동계올림픽에 맞춰 강릉을 찾는 국내외 관광객들에게 강릉만의 커피 문화를 전파하고자 노력했다. 돌이켜 보면 20여 년의 시간이 흐른 지금의 강릉은 커피의 도시로 변모했고, 매년 5월에는 커피나무 축제, 11월에는 강릉커피축제가 열려 도시 전체가 커피 향이 가득한 곳이 되었다. 강릉에 커피 문화의 작은 한 줄기를 내린 사람으로서 뿌듯하고 행복하다.

이 책은 지난 20여 년 동안 커피와 함께 살면서 꾸준히 생각하고 기획했던 것을 비로소 실천한 작은 결과물이다. 책을 쓰기 전에는 커피에 대해 많이 알고 있다고 스스로 생각했지만, 막상 글로 정리하려니 결코 쉽지 않았다. 많은 책을 봐야 했고, 많은 자료와 씨름해야 했다. 책을 쓰면서 커피에 관한 잘못된 상식과 지식이 적지 않았음도 깨달았다. 그래서 집필하는 데 많은 시간과 적잖은 노력이 필요했다. 여전히 부족하고 미진하지만 커피에 대한 애정이 이 책을 통해 한 뼘쯤 자라나길 기대해 본다.

2019년 5월 강릉 경포에서 최금정

CONTENTS

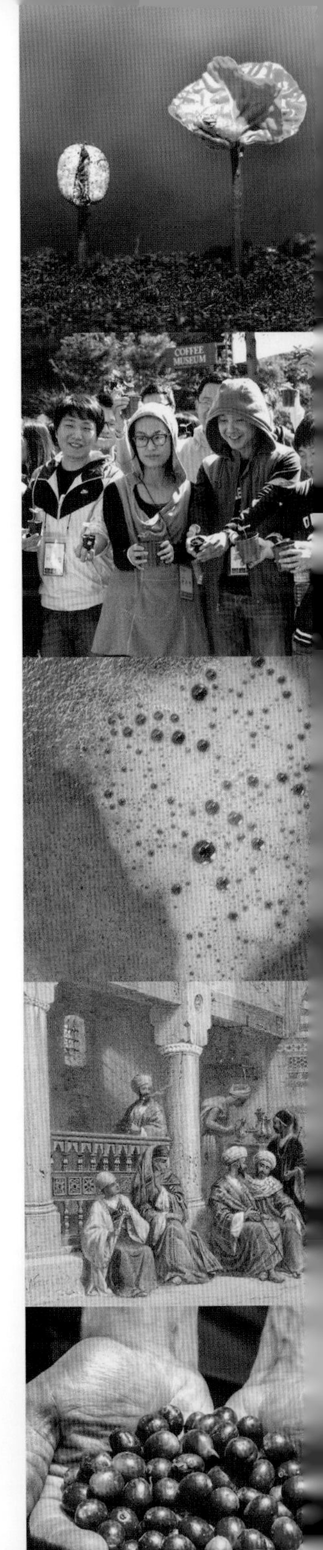

03 커피 문화

04 커피의 맛과 멋

PART 01

커피커퍼의 탄생

대관령은 고랭지 채소를 재배하기에 적합한 조건으로, 기후가 한랭하다. 커피 농장이 들어선 왕산면 일대는 기온이 낮고 적설 기간이 긴 곳이다. 그런 곳에서 연중 최고 25도까지 난방을 일정하게 유지한다는 것은 여간한 노력으로는 불가능하다. 커피에 대한 애정이 없었다면 쉽지 않은 일이었을지 모른다.

강릉, 대관령에 커피나무를 심다

바쁘게 흘러가는 일상에서 커피 한 잔은 현대인들에게 여유 그 이상의 즐거움을 선사한다. 아침에 일어나 마시는 모닝커피의 향은 하루를 설레게 하며 직장인들은 업무 전 책상에 커피 한 잔을 올려놓고 잠시 시간을 보내기도 한다. 점심 식사 후 테이크아웃 커피 한 컵이 사람들 손에 들려 있는 풍경이 이제는 꽤나 익숙하다. 커피 맛이 좋은 카페는 어느새 사람들로 붐비고, 스마트폰의 SNS에서는 다양한 이색 카페들이 시선을 사로잡는다.

이처럼 사랑받는 커피가 우리나라, 게다가 바다와 산으로 둘러싸인 강릉에서 재배되고 있다는 사실을 아는 사람은 많지 않다. 물론 커피에 대한 애정이 상당한 당신이라면 알 수도 있겠지만. 사계절 내내 서늘하고 청량한 바람이 불고 바다의 정취를 품은 이곳 강릉, 내가 머물고 있는 커피박물관 '커피커퍼'에서는 커피를 만든다. 그리고 커피의 새로운 역사를 쓰고 있다.

청정한 바다와 고혹적인 정취가 묻어나는 강릉의 고즈넉한 대관령 숲길 한가운데에 마치 나그네를 반기듯 안개 속에 커피커퍼가 머물러 있다. 커퍼Cupper는 원두의 품질을 감정하는 테이스터Taster를 뜻하는 단어로, 커피의 맛과 개성을 알아보고 품질을 측정하는 사람을 가리킨다. 커피커퍼는 10여 년 전 제주 여미지식물원에서 아라비카 커피나무 50여 그루를 들여오며 커피 재배를 시작했다. 강릉시 왕산면 고지대에 국내 최초의 상업용 커피 농장이 생긴 것이다.

강릉항 안목해변에 2001년 처음으로 커피커퍼 1호점을 시작한 이후 최근 개관한 커피커퍼뮤지엄까지 현재 강릉 일대에서 박물관과 커피 전문점 다섯 곳을 운영하고 있다.

ⓒ coffee cupper

커피커퍼박물관 왕산점의 봄 풍경

강원도 강릉시 왕산면 왕산로 2171-17. 입소문을 타고 국내 손님들은 물론 해외 여행객들까지 찾아오는 커피커퍼 커피박물관 왕산점은 옛 대관령길 중턱에 자리한다. 구불구불한 산길을 따라 오르다 보면 많은 사람이 과연 이런 곳에 커피를 파는 곳이 있을까 하는 의문을 갖는다. 그렇게 찾아와서는 숲과 계곡 사이에 어떻게 국내 최대 규모의 커피박물관이 자리 잡게 되었는지 궁금해하기도 한다.

현재 커피박물관 왕산점 커피 농장에는 국내에서 가장 오래된 커피나무를 비롯해 3만여 그루의 묘목이 뿌리를 내리고 있다. 커피 재배를 시작한 후, 왜 하필 강릉이냐는 질문을 자주 받는다. 하긴, 커피나무가 재배되는 대관령 부근은 사실 커피의 산지로는 적합하지 않다. 열대식물인 커피나무는 연중 15~25도의 온도에서 잘 자라는데, 아이러니하게도 국내 최대 규모의 고랭

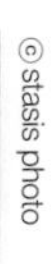

커피나무는 온도와 환경이 맞으면 보통 30일에서 40일 정도에 새싹을 틔우기 시작한다.

지 배추 재배지인 대관령 기슭 왕산면에 커피 농장을 조성했으니, 그 이유가 무엇이냐는 질문이 어쩌면 자연스러운지도 모르겠다. 정답은 바로 '온실재배'다.

커피에 관한 한 황무지나 다름없던 강릉에 처음 커피를 들여오고자 마음먹은 것은 2000년 무렵이다. 에메랄드빛 강릉의 해변을 거닐며 커피를 마시는 정취에 취해 있던 그 무렵, 수많은 커피 전문점으로 가득한 지금의 강릉 커피거리를 상상하기는 어려웠다.

강릉에서 한국 최초로 원두를 재배해야겠다는 생각을 하고 제주도에서 어렵게 커피나무를 들여와 심었고, 여러 해에 걸친 시련과 실패를 딛고 오늘의 성공적인 원두 재배 시스템을 갖추게 되었다. 당연한 말이지만 온실재배라는 까다로운 여건상, 셈이 맞는 환경은 아니다. 정확히 말하면 커피 재배 시스템을 만든 것은 어디까지나 자발적인 의지에서 비롯되었지 상업적 이윤을 추구하기는 어려운 조건이라는 뜻이다. 대관령은 고랭지 채소를 재배하기에 적합한 조건으로, 기후가 한랭하다. 커피 농장이 들어선 왕산면 일대는 고원지대 특유의 환경으로 기온이 낮고 적설 기간이 긴 곳이다. 그런 곳에서 연중 최고 25도까지 난방을 일정하게 유지한다는 것은 여간한 노력으로는 불가능하다. 커피에 대한 애정이 없었다면 쉽지 않은 일이었을지 모른다. 멀리서 강릉의 커피박물관을 찾아온 사람들이 향긋한 커피 한 잔이 어떻게 만들어지는지 직접 보고, 향을 느끼고, 맛을 음미하면 좋겠다. 이런 바람이 커피박물관을 세운 이유다.

© coffee cupper

커피커퍼 왕산점 커피 농장에서 자라고 있는 34년 수령의 국내 최고령 커피나무

1 커피박물관 왕산점의 가을 풍경 **2** 눈 내리는 겨울 풍경

"커피는 곁에 있으면 즐겁고 떨어져 있으면 보고 싶은 친구와 같은 존재입니다."

커피를 즐기고 마시는 데에 그치지 않고 생산할 수 있다는 자부심을 갖기까지 커피 재배에 대한 애착은 바로 이와 같은 애정에서 비롯되었다. 100% 수입에 의존하던 커피를 들여와 생산을 안정화했다고 치켜세우는 이들도 있지만, 그 과정이 쉽고 편했던 것이 아님은 겸손의 표현만은 아니다. 무려 10여 년이라는 적잖은 시간이 걸렸다. 대관령은 한랭하지만 습도가 낮다. 열대식물인 커피나무는 습도를 60%로 유지하고 직사광선을 피해야 하는 식생 조건을 마련하고, 그저 온도만 잘 조절해 주면 되지 않을까 생각했지만, 애초에 강릉 지역 식생에 맞지 않은 커피나무를 기르고 열매를 채취해 상품화하는 일이 쉽고 간단할 리 없었다.
'우리 땅에서 자란 우리 커피'에 대한 애착 하나로 열심히 가꾼 결과 커피커퍼의 커피 농장은 어느덧 강릉의 명물이 되고, 커피나무를 보기 위해 찾아오는 관람객들로 붐비는 곳이 되었다. 휴일이면 이곳 커피커퍼의 주차장은 관람객 차량으로 장사진을 이룬다. 특히 최근에는 중국인 단체 관광객 방문이 부쩍 늘어 과장을 조금 보태자면 발 디딜 틈이 없을 정도다. 국내 최초의 상업용 커피 농장과 커피박물관을 보려고 외국인 관광객이 찾는 커피커퍼. 손님들은 커피 농장에서 싹을 틔운 커피 체리를 직접 보고 만지며, 묘목을 분양받을 수도 있다. 시기를 잘 맞추어 찾아오면 아름다운 선홍색 체리도 어렵지 않게 볼 수 있다.
커피박물관 옆 건물에 자리한 로스팅Roasting 체험관과 에스프레소Espresso 하우스, 커피 전문점 카페는 박물관에 들른 손님들이 자연스럽게 커피의 생산과정을 체험하고 그윽한 커피 한 잔을 마실 수 있는 동선으로 이루어져 있다. 로스팅 체험관에서는 생두를 볶아 최고의 맛과 향을 내는 과정을 볼 수 있다.
생두는 시간이 지날수록 커지고 색상이 진해지며 향이 짙어져 자라는 과정을 지켜보는 것만으로도 재미있다. 손님들은 커피 한 잔이 만들어지는 과정을 좀 더 생생하게 경험할 뿐 아니라, 팬 로스팅과 드럼 로스팅, 열풍 로스팅도 체험할 수 있다. 아이들의 교육과정으로도 인기가 있어 자녀들과 함께 찾는 부모도 많다.

1 커피나무의 생장을 살펴보는 커피 나무 농장 투어

2 초등학생들의 드립커피 체험

© coffee cupper

© coffee cupper

1 바리스타 체험에 참여한 외국인들과 함께 **2** 커피나무 1만 그루 나눔 행사

커피커퍼의 자체적 프로그램으로 진행하는 커피 문화학교는 커피 전문가를 양성하고 다양한 커피 체험 교육이 가능하도록 운영하고 있다. 바리스타를 양성하는 커피 아카데미를 매년 열어 커피 전문가를 꾸준히 길러 내고 있다. 또 일반 시민뿐 아니라 중고교 학생과 대학생을 대상으로 바리스타 교육과 커피 체험 연수 프로그램을 진행하고 있다. 핸드드립Hand drip으로 나만의 커피를 직접 추출해 보거나 역사가 가장 오래된 터키 커피Turkish coffee를 직접 만들어 보는 등 커피에 갓 입문한 아마추어든, 커피를 사랑하는 마니아든 커피커퍼에서는 각자 취향에 따라 커피를 즐기는 재미에 푹 빠져들게 된다.

ⓒcoffee cupper

1 커피나무 분갈이 행사에 참여한 아이들
2 커피 유물을 이용한 로스팅 체험
3 커피머신 체험
4 초콜릿 만들기 체험

2017년 개관한 커피커퍼뮤지엄 입구에 있는 조형물

© gwon daeheung

왕산면에 있는 커피박물관에 이어 2017년 12월 8일에는 강릉시 해안로 341에 커피커퍼뮤지엄이 문을 열었다. 그 이전에는 예식장이던 곳으로 주위에서 가장 높은 건물이다. 왕산점 커피박물관이 비좁아 전시하지 못했던 유물을 비롯해 그동안 수장고에 보관되어 있던 커피 유물들을 옮겨 와 상설 전시하고 있다. 강문동 커피커퍼뮤지엄은 해변에서 가까워 전망 좋은 자리에서는 바다를 보며 커피를 즐길 수도 있다.

5층 건물로 된 커피커퍼뮤지엄에 들어서면 가장 먼저 붉은색 커피 잔 모양의 조형물이 방문객을 맞이한다. 카페로 운영되는 1층에서는 세계 여러 나라의 풍미 있는 커피를 즐길 수 있다. 이곳에서는 핸드드립, 커피 만들기 등의 다양한 체험을 즐길 수 있고, 커피 관련 기념품도 구입할 수 있다. 2층은 이벤트 행사 공간으로, 전시회와 작은 음악회 등이 열린다. 박물관 입장객은 주문한 커피를 마시며 이벤트를 즐길 수 있다. 3층에서는 커피의 역사와 문화, 로스터와 그라인더 관련 전시를 볼 수 있다. 커피가 발견된 시기와 오늘날 대중적인 커피가 만들어진 과정 등을 소개하며, 커피를 분쇄하는 크고 작은 다양한 그라인더Grinder와 여러 가지 핸드밀Hand mill이 연대순으로 전시되어 있다.

커피커퍼뮤지엄의 층별 관람 안내		
5F	커피 메이커	초기 커피 메이커부터 20세기 메이커까지 400여 년의 역사를 지닌, 다양한 성능과 아름다운 디자인을 갖춘 커피 추출 도구들이 전시되어 있다.
	스털링 실버웨어 & 커피 앤티크	스털링 실버웨어는 외형의 아름다움과 각국의 은세공 장인들이 표현한 화려한 예술적 기능을 지니고 있다. 18세기에서 20세기의 유물이 전시되어 있다.
3F	커피의 역사 커피 문화	커피가 발견되고 세계인의 음료로 사랑받기까지의 과정을 소개하고, 19세기 유럽 상류층의 커피 향유 문화와 아랍인들의 터키시 유물들이 전시되어 있다.
	로스터 & 그라인더	초기 로스터부터 19세기 유럽과 미국 등에서 발전한 다양한 커피 로스터와 함께, 커피를 분쇄하는 그라인더와 핸드밀이 연대순으로 전시되어 있다.
2F	아트 갤러리	이벤트 행사 공간으로, 박물관 입장객은 주문 후 이곳에서 음료를 즐길 수 있다.
1F	커피 팩토리 & 카페	1. 커피커퍼박물관의 다양한 커피를 즐길 수 있는 카페 2. 체험 카페: 핸드드립, 생초콜릿 만들기, 나만의 머그 컵 만들기 3. 원두 & 박물관 커피 기념품 판매

1 커피와 기념품을 판매하는 1층 매장 **2** 이벤트 행사가 열리는 2층 아트 갤러리

© coffee cupper

© coffee cupper

3 그라인더와 로스터를 살펴볼 수 있는 3층 전시실 **4** 분해된 커피 메이커가 전시되어 있는 5층

화려한 세공 기법이 돋보이는 19세기 영국의 스털링 실버웨어(커피커퍼박물관 소장)

5층에는 400여 년의 역사와 화려한 전통을 지닌 진귀한 커피 추출 도구 등이 전시되어 있다. 특히 18세기부터 20세기까지 제작된 다양한 스털링 실버웨어Sterling silverware를 볼 수 있는데, 스털링 실버웨어는 은의 함유율이 92.5% 합금된 제품을 가리킨다. 세계 각국의 은세공 장인들이 수놓은 아름답고 화려한 세공 기법을 이곳에서 감상할 수 있다.

커피커퍼의 시작은 커피에 대한 깊은 애정이 있기에 가능했다. 처음 상업적으로 커피를 만든다는 부담감, 주변에서 보내는 우려, 뭐든 부정적인 이야기부터 시작하는 말하기 좋아하는 이들의 시선, 어느 하나 커피에 대한 애정이 없었다면 가볍게 무시할 만한 것이 아니었다.
처음 상품화된 커피를 만든 때는 2012년이었다. 원두 500kg. 상품으로 팔 수 있는 첫 번째 커피였다. 약 1t을 재배해 체리의 껍질을 벗기고, 파치먼트Parchment를 말려 탈곡해 만들어진 커피커퍼의 첫 원두. 뭐든 '첫'이라는 관형사가 붙으면 설렘과 애틋함이 더욱 크기 마련인데, 애정과 노력이 합쳐진 우리나라의 첫 커피라니. 그 감격은 이루 말할 수 없었다. 비로소 한국에서 자란 나무에서 원두를 생산하고 산업용 로스터로 볶아 출시한 커피가 빛을 본 그때의 감동이 오늘까지 커피커퍼를 지켜 온 커다란 원동력이었다.
대단한 애국심이나, 꼭 강릉에서만 커피 문화를 키워 나가겠다는 고집 같은 것은 애초에 없었다. 하지만 점점 더 많은 사람이 커피커퍼를 찾으면서 커피에 대한 나름의 사명감이 짙어졌다. 커피가 하나의 문화라면, 커피나무를 심고 커피를 만드는 일도 문화를 가꾸는 일이라고 생각했다. 그러다 점차 소중한 마음을 담아 오랫동안 수집한 커피 유물들을 더 많은 사람에게 만나게 해 주고 싶은 마음이 생겨났고, 2016년 마침내 차茶의 본고장이라 불리는 중국으로 커피커퍼가 진출하게 되었다.

차의 본고장에 커피박물관을 설립하다

커피커퍼에서 운영하는 강릉시 왕산면의 박물관과 경포에 있는 박물관에는 약 2만여 점에 달하는 유물이 소장·전시되어 있다. 박물관 전시실에 들어서면 각종 커피 추출기가 있고 그 옆으로 많은 사람이 탄성을 자아내는 진귀한 보물을 발견할 수 있는데, 국내는 물론 커피 문화가 발달한 유럽이나 미국에서도 보기 드문 커피 관련 희귀품들이다. 커피커퍼에서 보유하고 있는 커피 유물들은 세계 각국에 흩어져 있는 것들을 현지에 사람을 보내거나 직접 발품을 팔아 수집한 것들이다. 자랑처럼 들릴 수 있는 이 말은 괜한 너스레가 결코 아니다. 실제로 세계 곳곳을 돌며 커피의 역사와 함께한 유물들을 수집한 덕분에 커피커퍼는 개인의 컬렉션뿐만 아니라 세계 최대 규모의 커피 유물을 보유한 박물관으로 인정받고 있다.

덜 깬 잠을 떨치려고 에스프레소 한 잔을 황급히 털어 넣는 사람이든, 그윽한 커피 향을 즐기며 몇 시간이고 커피를 음미하는 사람이든, 커피를 좋아하는 사람들에게는 공통점이 있다. 커피를 사랑한다는 것. 인스턴트적인 사랑이든, 애절한 순정이든 깊이에 관계없이 그들이 커피를 사랑하고 소비하는 방식에는 반드시 커피를 담고 추출하는 커피 용품들이 함께한다. 입에 맞는 커피란, 단순히 맛만 일품일 수 없기 때문이다.
커피박물관에 입장한 방문객들이 커다란 관심을 보이는 커피 유물 중에는 프랑스 소설가 오노레 드 발자크Honoré de Balzac가 사용했던 커피 용기가 있다. 커피박물관 왕산점에 전시되어 있던 것을 최근에 경포에 있는 커피커퍼뮤지엄으로 옮겨 와 전시하고 있다.

발자크가 사용했던 밸런싱 커피 메이커(커피커퍼박물관 소장)

ⓒ coffee cupper

2016년 3월에 커피커퍼는 차의 본고장 중국에서 커피박물관을 개관했다.

커피 애호가로 잘 알려진 발자크는 무려 하루 열두 시간씩 글을 썼다고 한다. 그 긴 시간 동안 커피는 가장 가까운 곳에 있던 친구였다. 발자크가 사용한 커피포트와 잔은 우리 커피커퍼에서 공들여 수집한 유물 가운데 가장 진귀한 것이기도 하다.

커피커퍼의 커피박물관에는 각종 커피 추출 도구가 사이펀Siphon 발명 이전과 이후로 나뉘어 진열되어 있다. 사이펀 이전에는 주로 구리로 만든 터키식 주전자와 도자기 잔이 주류를 이룬다. 영국산 스털링 실버웨어도 안쪽에 자리한다.

로스팅한 커피를 분쇄하는 필리핀산 나무 절구는 소박함의 극치를 보여 준다. 고목이 된 커피나무로 만든 것이다. 다분히 종교적 색채를 띤 커피 기기들도 눈에 띈다. 우리나라에 커피 문화를 전한 일본에서 메이지유신 이후 만든 실버웨어들도 전시되어 있다. 이처럼 커피 유물은

© coffee cupper

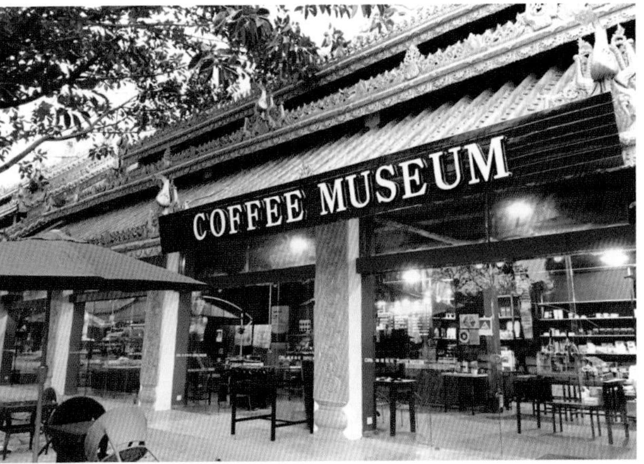

이국적인 태국풍의 지붕이 특징인 중국 윈난성 망시 커피박물관과 한국관

저마다 깊은 사연을 간직한 채 관람객을 기다린다.

애정이 깊어지면 이해하고 싶고, 이해하고 싶으면 알아야 한다는 뜨거운 마음으로 여전히 커피 관련 물품이 있는 곳이라면 어디든 마다하지 않고 달려간다. 차의 고장인 중국에 최초의 커피박물관을 세운 배경도 커피에 대한 이런 열정 때문이다.

2016년 초, 중국 최대의 커피 재배지이자 강릉시와 우호 교류 협약을 맺은 도시인 윈난성雲南省 망시芒市에 커피박물관이 설립되었다. 중국 전통차인 보이차 생산지로 유명한 망시는 미얀마 국경과 가까운 남쪽에 위치한 지리적 여건으로 인해 기온이 따뜻해 커피가 잘 자라고 품질도 콜롬비아, 브라질, 케냐, 에티오피아산에 버금가는 것으로 알려진 커피 생산지다.

이런 곳에 강릉 커피의 자존심이라 할 수 있는 우리 커피커퍼에서 커피박물관을 설립해 커피 가공은 물론, 한류의 새로운 교두보를 마련한 것이다. 커피박물관은 망시의 관광지인 대금탑 인근 부지에 조성되었다. 윈난성 망시 정부에서 건물을 짓고 커피커퍼에서 최대 30년간 임차하는 방식으로 개관했다.

중국 현지 개관식에는 당시 최명희 강릉시장과 중국 망시의 자오둥메이 시장, 김영숙 한국여성경영자총협회 도지회장 등이 참석해 커피 교류 및 교역의 역사적 첫 출발을 축하했다. 2012

© coffee cupper

망시 커피박물관 개관식 기념사진. 한복을 입은 필자 왼쪽이 최명희 강릉 시장, 오른쪽이 자오둥메이 망시 시장이다.

년 윈난성이 강릉시와 맺은 자매결연이 이와 같은 민간 커피 교류로까지 이어질 줄은 나뿐 아니라 아무도 상상하지 못했다.

그때 중국 관계자가 강릉의 커피커퍼를 몇 차례 방문한 뒤 어마어마한 수집력과 전문성을 보고 놀라 커피 문화가 아직 자리 잡지 않은 중국에 문화 교류를 요청한 것이 시작이었다. 먼저 중국 측에서는 멋진 문화 교류의 장이 될 박물관 설립을 위해 합작 법인을 커피커퍼에 제안했다. 기분 좋은 제안이었지만 외국에 박물관을 설립한다는 것은 단순한 일이 아닌 만큼 커다란 부담과 책임감도 느꼈다. 그래서 커피커퍼만의 로스팅 등 원천기술의 유출을 막고, 장기적으로 회사의 안전성 등을 고려해 단독 법인 형태로 박물관 건립을 추진했다.

현재 윈난성의 커피박물관에서는 300~400년 전 로스팅 기구를 비롯해 다양한 커피 관련 유물 등을 시대별로 전시하고 있고, 커피 교육관과 함께 문을 연 '한국관'은 우리나라의 음식과 문화를 소개하고 중소기업 물품 등을 상설 전시하여 한류의 전령사 구실을 하고 있다.

윈난성 망시의 질 좋은 유기농 생두를 수입해 커퍼커퍼만의 우수한 기술력으로 로스팅한 뒤 역수출하는 등 커피 도시 강릉의 브랜드 이미지를 높이는 작업도 함께 추진하고 있다. 중국에서는 높은 경제성장과 함께 커피 문화가 날로 발달하고 있어서, 최근 불고 있는 한류 열풍을 우리의 커피 문화로 이어 보자는 발상은 결코 무모한 도전이 아니라고 생각한다.

중국 진출은 저가 커피 시장을 열어 보겠다는 것이 아니었기에 커피 가격과 박물관 입장료는 강릉과 비슷하게 유지했다. 그리고 문화를 알리는 박물관 운영에는 책임이 따르는 만큼, 우리나라를 대표하여 국위를 선양한다는 마음가짐으로 임하고 있다.

"단순하게 커피 프랜차이즈를 수출하는 것이 아니라 한국, 그중에서도 강릉 커피 문화를 수출하는 것이 중요하다. 중국 남단 윈난성 망시에서 출발해 중국 전역으로 강릉 커피커퍼의 커피 박물관이 확산되도록 하는 것이 최대 목표이다."

ⓒ gwon daeheung

커피 메이커의 백과사전《커피메이커스》

커피커퍼 커피박물관의 설립자이자 남편인 김준영 대표와 나는 오랜 기간 전 세계의 커피 유물을 파악하고 수집하다 보니 외국의 커피 전문가들과 서로 정보도 주고받고 많은 교류도 하게 되었다. 그러다 이탈리아 출신의 에소프레소 머신 컬렉터이자 복구 전문 기술자인 엔리코 말토니Enrico Maltoni을 알게 되었다. 그는 이탈리아 밀라노Milano 비나스코Binasco에 세계 유일의 에스프레소 머신 전문 박물관인 뮤막박물관Mumac museum을 설립한 인물이다. 그런데 우리가 2013년에 뮤막박물관을 방문했을 때, 엔리코 말토니가 또 다른 커피 유물 컬렉터인 마우로 카를리Mauro Carli와 함께 《커피메이커스COFFEEMAKERS》라는 책을 출간했다는 사실을 알게 되었다. 남편과 나는 이탈리아어로 쓰인 원서를 살펴보다가 그만 한동안 벌어진 입을 다물지 못했다. 《커피메이커스》는 그저 그런 정보를 담고 있는 단순한 커피 관련 책이 아니었기 때문이다. 두 손으로 들고 읽기에도 팔이 아플 정도로 커다란 판형에다 1,000 페이지 가까운 어마어마한 분량에 세상 어디에서도 본 적 없는 멋진 책이었다. 《커피메이커스》에는 그야말로 커피 메이커Coffee maker에 관한 한 모든 정보를 담아낸 백과사전이라 할 만큼 엄청난 자료들로 가득했다. 무려 2,700컷에 달하는 커피 메이커 이미지와 수천 가지의 기술 묘사, 시대별 커피 광고 엽서와 포스터 이미지가 아름답고 진귀한 보석처럼 실려 있었다.

커피 유물에 관한 한 세상 그 누구보다 커다란 애정과 관심을 가지고 있던 우리 부부는 《커피메이커스》에 매료되어 엔리코 말토니와 파트너십을 체결했다. 그리고 한국어판 출간을 결정했다. 영어도 아닌 이탈리아어로 된 책을 한글로 번역하는 문제와 방대한 책을 출간하는 데 드

© coffee cupper

커피커퍼와 뮤막박물관 간의 MOU 체결에 사인하는 엔리코 말토니

밀라노 뮤막박물관에서 남편 김준영 대표와 엔리코 말토니

ⓒ coffee cupper

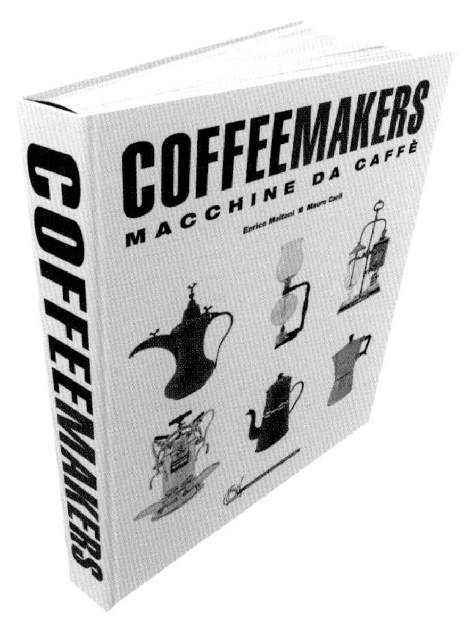

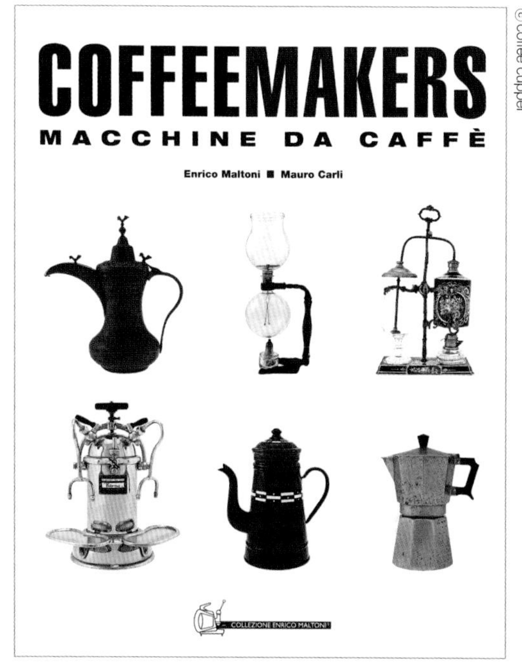

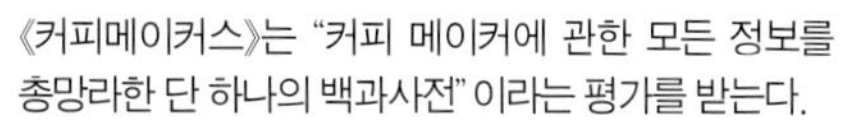
《커피메이커스》는 "커피 메이커에 관한 모든 정보를 총망라한 단 하나의 백과사전"이라는 평가를 받는다.

는 막대한 비용 등이 적잖은 걱정거리였지만, 책의 매력과 《커피메이커스》를 한국어판으로 출간하고 싶다는 열정 앞에 그 어떤 것도 장애물은 되지 못했다.

《커피메이커스》는 남편이 영문명인 길버트Gilbert라는 이름으로 역자가 되어 2014년 6월에 드디어 한국어판으로 출간되었다. 커피커퍼에서 주최하는 2014년 〈제5회 커피나무 축제〉 기간에 《커피메이커스》의 저자인 엔리코 말토니를 초청하여 출간 기념회를 열고 커피커퍼와 뮤막 박물관 간의 업무협약도 체결했다. 그리고 책을 홍보하기 위해 2014년 7월에는 서울 코엑스에서 열린 프랜차이즈 박람회에 《커피메이커스》를 출품하기도 했다.

《커피메이커스》는 수많은 도판과 어려운 기술 용어가 담겨 있는 책이라 한국어판으로 출간하는 데 많은 시간뿐 아니라 여러 사람의 땀과 노력, 도움의 손길이 필요했다. 또 양장 제본에 고급 케이스까지 포함하여 제작되었고 책값이 17만 원으로 결코 만만찮은 가격이지만 볼 때마다 커다란 자부심을 느끼는 책이다.

"커피메이커스, 나는 언제나 이 제목에 공감을 해 왔다. 믿음직한 커피포트나 최신의 혹은 시대를 앞서가는 에스프레소 머신들이 항상 그래 왔던 것처럼 나 역시 커피를 만들고 있기 때문이다."

세계 3대 커피 브랜드의 하나인 라바차Lavazzar의 부회장 주세페 라바차Giuseppe Lavazza가 엔리코 말토니의 《커피메이커스》를 보고 평한 말이다.

《커피메이커스》는 2013년 이탈리아어로 처음 출간된 이후 한국어를 비롯해서 영어, 독일어로도 출간돼 전 세계 바리스타와 커피 애호가들의 필독서가 되었다.

커피를 좋아하는 국내 독자라면 세계 각국의 커피 유물 수집가들이 소장한 다양하고 경이로운 유물들을 한국어판 《커피메이커스》를 통해 감상하기를 바란다.

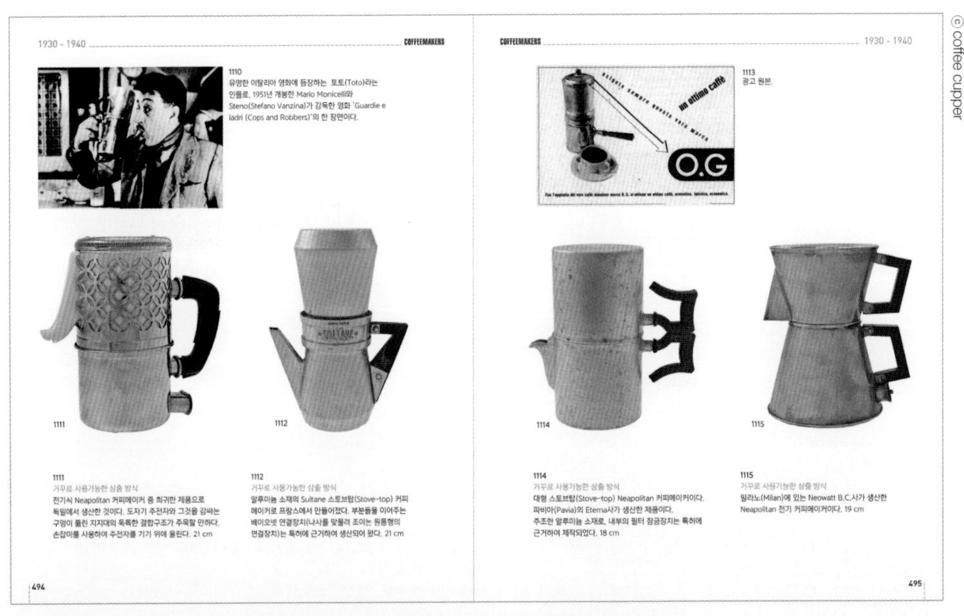
1930 - 1940 COFFEEMAKERS

1110
유명한 이탈리아 영화에 등장하는 토토(Toto)라는 인물로, 1951년 개봉한 Mario Monicelli와 Steno(Stefano Vanzina)가 감독한 영화 'Guardie e ladri (Cops and Robbers)'의 한 장면이다.

1111
거꾸로 사용가능한 삼출 방식
전기식 Neapolitan 커피메이커 중 희귀한 제품으로 독일에서 생산한 것이다. 도자기 주전자와 그것을 감싸는 구멍이 뚫린 지지대의 독특한 결합구조가 주목할 만하다. 손잡이를 사용하여 주전자를 기기 위에 올린다. 21 cm

1112
거꾸로 사용가능한 삼출 방식
알루미늄 소재의 Sultane 스토브탑(Stove-top) 커피메이커로 프랑스에서 만들어졌다. 부분들을 이어주는 베이오넷 연결장치(나사를 맞물려 조이는 원통형의 연결장치)는 특허에 근거하여 생산되어 왔다. 21 cm

494

COFFEEMAKERS 1930 - 1940

1113
광고 원본.

1114
거꾸로 사용가능한 삼출 방식
대형 스토브탑(Stove-top) Neapolitan 커피메이커이다. 파비아(Pavia)의 Etema사가 생산한 제품이다. 주조한 알루미늄 소재로, 내부의 필터 잠금장치는 특허에 근거하여 제작되었다. 18 cm

1115
거꾸로 사용가능한 삼출 방식
밀라노(Milan)에 있는 Neowatt B.C.사가 생산한 Neapolitan 전기 커피메이커이다. 19 cm

495

《커피메이커스》에는 세계 각국의 주요 수집가들이 소장한 다양한 커피 기구가 실려 있다.

COFFEEMAKERS 1930 - 1940

1267

1268

1269

1270

537

《커피메이커스》에는 시대별로 커피에 관한 광고 엽서와 포스터가 잘 정리되어 있다 .

커피커퍼의 시작, 안목해변

커피가 대중에게 많은 사랑을 받고 있지만, 커피 또한 '음식'이라는 상식에서 벗어나지 않아야 된다고 생각한다. 단순히 기호식품이나, 쉽게 사고파는 상품이 아니라는 것이다. 따라서 고객을 속이지 않아야 하고, 항상 신선하고 품질 좋은 재료로 고객을 만족시키기 위해 노력해야 한다. 이제는 커피거리로 유명해진 강릉 안목해변에 2001년 처음으로 커피 전문점을 개업하고, 황량한 횟집 사이에 있던 커피 자판기를 제치고 향기 나는 원두커피의 낭만을 심은 것은 아마도 좋은 커피를 만들려는 노력이 없었다면 어렵지 않았을까 싶다. 물론 시작이 순조롭지는 않았다. 주변의 만류도 상당했다.

2000년 초만 해도 고작 자판기 몇 대와 바다의 정취를 횟감이나 물놀이로 즐기려는 사람이 전부였던 해변에서 어쩐지 커피는 어울리지 않는다는 생각이 지배적이었다. 하지만 고즈넉한 그 해변에서 즐긴 그윽한 커피 한 잔의 느낌을 믿고, 발 빠르게 움직인 덕분에 커피의 도시 강릉의 효시인 지금의 '커피커퍼'를 완성할 수 있었다.

처음부터 '커피커퍼'라는 자체 브랜드를 가지고 커피 전문점을 시작한 것은 아니었다. 출발은 프랜차이즈 브랜드였다. 현재 안목해변 커퍼커퍼 1호점이 있는 위치에 '네스카페Nescafe' 브랜드로 사업을 시작했다.

커피에 대한 열정은 그 누구보다 뜨거웠지만 사실 초기에는 커피에 대해 잘 몰랐다. 사업을 제대로 하려면 원가분석도 해야 하고 제품 관리와 고객에 대한 서비스에 관해서도 잘 알아야 하는데, 경험이 없던 나에게 그런 노하우가 있을리 만무했다.

2009년 안목해변의 커피커퍼 1호점 모습이다. 2001년 처음 커피 전문점을 열었을 때 주변에는 이렇다 할 건물이 없었다.

커피 전문점을 처음으로 오픈할 당시만 해도 안목해변은 강릉항이 가까이 있었지만 상권이 그다지 발달한 곳은 아니었다.

안목해변은 백사장 길이가 500여 미터에 이르러 결코 작은 규모의 해변은 아니지만 2000년도 초반만 해도 그야말로 인적이 드문 해변이었다. 안목해변 멀지 않은 곳에 경포호, 그 위쪽으로는 전국적으로 유명한 경포해수욕장이 있고, 그 바로 아래로는 강문해변이나 소나무 숲길로 유명한 송정해변이 자리한다. 그래서 별다른 특징이 없고 잘 알려지지 않은 안목해변에 인적이 드문 것은 어쩌면 자연스러운 일이었다. 지금은 승객들로 북적이는 강릉항 유람선 여객터미널이 완공된 것도 2009년 말이니까, 2001년 당시의 안목해변은 조용하고 한가한 해변이었다.

안목해변에 3층 건물로 커피커퍼 1호점을 열고 나서 3년 뒤 1호점 조금 떨어진 곳에 커피커퍼 2호점을 열었다. 1호점은 처음에 프랜차이즈 브랜드로 시작했으니 '커피커퍼'라는 자체 브랜드로 가게를 시작한 것은 2호점이 시초이기도 했다.

1호점을 운영하면서 나만의 브랜드를 갖고 싶다는 생각은 늘 하고 있었지만 정신없이 바쁜 일과 속에서 집중력을 가지고 브랜드명을 생각하고 연구하는 데 힘을 쏟지는 못했다. 그러다 어느날 커피와 관련된 책을 보다가 '커퍼Cupper'라는 커피 용어를 접하게 되었다. 커피에 관한 지식과 정보를 제공하는 수많은 책 어디에서도 그동안 접하지 못했던 익숙하지 않은 용어였지만 보자마자 마음에 쏙 들었다.

무엇보다 '커퍼'라는 단어가 가지는 사전적 의미가 좋았다. '커피와 원두의 품질을 테이스터Taster하는 커피 감별사鑑別師'. 손님에게 좋은 커피를 제공하려면 그 누구보다 커피에 관한 한 좋고 나쁨을 구별하고 감별해 내는 능력이 있어야 하지 않겠는가. '바로 이거야!' 하고 나는 속으로 외쳤다. 그렇게 하여 '커피커퍼Coffee Cupper'라는 브랜드가 탄생했다.

© coffee cupper

© gwon daeheung

© gwon daeheung

1 강릉 바다가 내려다보이는 1호점 2층
2 커피커퍼 2호점
3 안목해변 입구에 세워져 있는 커피거리 표지석

커피 향 가득한 커피나무 축제

커피나무는 보통 4~5월에 눈보다도 새하얀 꽃을 피운다. 기후와 자라는 환경에 따라서 6월에도 꽃을 보기도 한다. 커피나무 꽃은 3일 정도 피었다가 바로 지고 과육이 생기는데 6개월 정도 자라면 붉은 커피 열매, 체리를 수확할 수 있다. 물론 커피커퍼에서는 온실재배를 하기 때문에 계절에 상관없이 수확할 수 있지만 굳이 제철을 따지자면 5월이 제격이다.

커피나무에 꽃이 필 때쯤 커피커퍼에서는 '커피나무 축제'를 열고 있다. 강릉 일대에서 가을마다 열리는 '강릉커피축제'와는 또 다른 봄 축제인 셈이다.

커피커퍼만의 커피 축제인 커피나무 축제는 매년 5월 또는 6월에 커피커퍼뮤지엄 경포점과 커피커퍼박물관 왕산점에서 시작된다.

제1회 커피나무 축제는 2010년 5월에 처음으로 열렸다. 커피박물관 왕산점 커피 농장에서 생산한 원두를 가지고 직접 로스팅하고 커피를 만들어 시음하는 행사를 가졌는데 국내에서 자란 커피나무에서 수확한 커피 열매로 상업용 커피를 만들었다는 점 때문에 언론에 많이 소개되고 관심도 높았다.

커피나무 축제는 2015년 제6회까지 5월에 있었고, 2016년부터 작년 2018년까지는 6월에 열렸다.

커피커퍼와 커피 농장을 방문하는 사람들은 처음 커피나무를 보고는 대부분 많이 놀라워한다. 또 가까이서 커피나무의 꽃과 열매를 보는 것도 마냥 신기해한다.

© coffee cupper

© coffee cupper

1 2010년 제1회 커피나무 축제에서 드립 커피를 시연하는 필자

2 제1회 커피나무 축제에서 선보인 커피커퍼 농장 커피 체리

© coffee cupper

1

© coffee cupper

2

ⓒ coffee cupper

ⓒ coffee cupper

1 2013년 제4회 커피나무 축제의 음악 공연

2 커피나무 축제에 참여해 직접 커피 원두를 로스팅해 보고 즐거워하는 아이들

3 커피커퍼뮤지엄 개관 기념으로 필자의 캐리캐처를 넣어 한정판으로 판매한 원두 제품

4 2018년 제9회 커피나무 축제 포스터

2017년 제8회 커피나무 축제에는 '커피의 일생'이라는 주제로 동서양의 커피 문화와 역사를 한눈에 담고자 했다. 제9회 커피나무 축제는 강릉 해안로를 향긋한 커피 향기로 수놓으며 6월 9일부터 19일까지 성황리에 열렸다. 당시 강릉시와 강릉문화재단, 강릉문화원이 후원을 해 주었다. 커피커퍼 본점인 경포 커피커퍼뮤지엄에서 개관 이후 처음 열리는 이번 축제를 위해 특별 전시회를 포함해 전보다 더 알차고 유익한 프로그램으로 구성하고자 노력했다. '커피의 향기에 빠지다'라는 주제로 열린 2018년 제9회 커피나무 축제는 커피커퍼뮤지엄을 방문하는 모든 분이 세계 각국의 커피 문화와 유물을 감상하고 직접 체험할 수 있도록 했다.

'커피나무 포스터 그리기' 행사와 '커피나무 사행시 짓기' 등의 행사도 함께 진행했다. 그리고

ⓒ gwon daeheung

2018년 '커피나무 축제'의 음악회 행사로 진행된 금관 5중주 〈브라스퀸텟 쇼〉의 연주

커피커퍼뮤지엄 개관 기념으로 '뮤지엄 음악여행' 음악회를 개최하기도 했다. 6월 16일 경포 커피뮤지엄 2층 아트 갤러리에서 열린 음악회에서는 '브라스퀸텟 쇼'라는 금관 5중주 팀의 공연이 있었다. 어린아이를 안고 찾아온 가족부터 나이 든 노부부, 손을 꼭 잡고 떨어질 줄 모르는 연인들까지 다양한 연령층의 사람들이 한자리에 모여 함께 커피를 즐기며 음악회를 감상하는 모습은 나에게도 무척 인상적인 기억으로 남았다.

커피가 사람들의 일상에 뿌리내려, 생활 속에 자연스럽게 스며들었으면 하는 것이 커피커퍼를 세우고 운영하면서 가지는 나의 작은 바람이다. 그래서 나는 커피가 있는 공간에서 전시회를 열고, 음악회도 끌어와 우리 생활 속에 커피의 향이 함께하기를 꿈꾼다.

2018년에는 평창 동계올림픽 개최 덕분에 올림픽 기간 동안 강릉에서 커피 향을 즐기는 방문객을 많이 볼 수 있었다.

ⓒ coffee cupper

ⓒ coffee cupper

1 캐나다 아이스하키 팀 선수 가족과 함께 **2** 올림픽 취재차 방문한 네덜란드 기자와 함께

1850년 프랑스에서 제조한 철제 팬형 커피 로스터(커피커퍼박물관 소장)

완벽하게 준비를 하고 커피커퍼뮤지엄을 오픈하고 싶은 마음에 오픈 일정을 미룰까도 고민했지만 올림픽과 맞물려 강릉에도 여러 축제를 찾는 이들의 발길이 늘어나서, 강릉에서 생산한 원두로 커피를 만들고 세계 커피 애호가들의 수집품을 한눈에 볼 수 있는 경험을 선물하고 싶어 서둘러 1층 카페부터 문을 열었다.
올림픽 기간 동안 정말 많은 사람이 찾아왔고, 다양한 인종과 여러 국가의 선수들이 커피커퍼의 유물을 관람하고 우리의 커피를 즐겼다.

커피를 마시는 것이 누군가에게는 즐거움이고, 누군가에게는 그저 하루의 피로를 달래는 위로일지라도 그 안에 커피커퍼의 노력이 깃들기를 바라는 것, 그것이 커피에 대한 애정이며, 원칙이다. 커피를 좋아하냐고 물을 때, 아주 많은 이들이 커피를 거의 사랑한다며 기쁘게 대답한다. 어느덧 현대인의 문화이자 일상이 된 커피 소비와 애착에 우리의 걸음걸음도 적잖은 영향을 미쳤다고 생각하면, 한편으로 부끄럽고 한편으로 뿌듯한 마음도 든다. 커피커퍼에서의 모든 경험이 그들에게 더욱 커피를 즐기며 사랑할 수 있는 경험이 되길, 오늘도 쉼 없이 커피를 떠올리는 이유다.

© Elena Dijour

PART 02

커피의 역사

유럽에서는 기독교문화가 종교는 물론 정치활동과 생활 전반에 녹아 있었는데, 그 때문에 유럽인에게는 이슬람문화권에서 건너온 커피에 대해 '이도교인들이나 마시는 나쁜 음료'라는 인식과 거부감이 강했다. 이슬람권에서는 '포도주처럼' 달콤한 음료에 비유할 만큼 커피가 사랑받는 음료였는데 말이다.

커피의 발견과 전파

커피의 발견

지금은 우리 일상의 일부가 된 커피는 누가 언제 어떻게 세상에 선보였을까? 커피에 매료된 여러 나라의 문인들이 자신의 작품에 커피를 등장시키는 일이 자주 있다. 그중 내가 좋아하는 아프가니스탄 출신의 시인 잘랄 아드딘 아르 루미Jalāl ad-Dīn ar Rūmī가 표현한 '커피'에 관한 정의는 매우 인상적이다. 그는 작품 〈입술 없는 꽃〉에서 커피를 "아침의 포도주"라고 칭송했다. 포도주를 뜻하는 아랍어 '까흐와Qahwah'에서 '커피'가 유래되었다는 가설에 비추어 보면, 커피가 주는 황홀감이 얼마나 매혹적인지, 그 감동의 크기가 마치 아침에 마시는 포도주 한 잔처럼 강력하고 화려해 거부할 수 없었음을 짐작해 볼 수 있다.

커피를 마시면서 느끼는 황홀감을 차치하더라도, 커피는 역사적으로 수많은 문화를 거치며 예술가들에게는 영감을, 철학자들에게는 사색을 선사했고, 정치적으로는 전쟁이나 무역 등과 얽히며 수많은 에피소드를 낳았다. 인과로 따지자면 그저 커피의 발견이 역사와 함께해 온 것처럼 시시하게 해석될 수도 있지만, 꼭 그런 것만은 아니다. '악마의 유혹'이라는 별명에서처럼 커피 그 자체로도 대단한 영향력을 행사한 에피소드가 많다.

이렇게 기쁘고 그지없이 황홀하기까지 한 커피라는 존재를 과연 언제, 어떻게, 누가 발견했을까. 커피의 발견에 대해 여전히 의견이 나뉘지만 신빙성 있는 설은 크게 두 가지로 볼 수 있다. 에티오피아 양치기 소년 칼디Kaldi가 등장하는 설과, 이슬람 사제인 오마르 알샤딜리Omar al-Shadhili가 발견했다는 설이다.

커피를 최초로 발견했다는 양치기 소년 칼디를 묘사한 그림

에티오피아에서 처음 커피를 발견했다고 믿는 설에는 칼디라는 양치기 소년이 등장한다. 당시에는 아비시니아Abyssinia라 불린 에티오피아의 남서쪽에 카파Kaffa라는 험준한 산악지대가 있었다. 그곳에서 양치기 일을 하던 칼디는 양들이 깊게 잠들지 않고 때로는 마치 춤추는 것처럼 힘이 넘쳐 온몸을 들썩거리는 것을 보며 이상하다는 생각을 하게 되었는데, 때마침 양들이 숲속으로 들어가는 것을 보고 뒤쫓게 된다.

칼디는 양들이 숲속의 작은 나무 틈에서 빨간 열매를 먹은 뒤, 크게 흥분하거나 기운이 넘치는 것을 보고 그 열매를 먹어 보게 된다. 대체로 역사는 이와 같은 호기심에서 시작된다. 칼디의 설이 진실이라면 커피가 인류에게 전해진 것 역시 양치기 소년의 호기심에서 시작된 셈이다. 칼디는 빨간 열매를 따 먹은 직후, 온몸에 힘이 생기고 머리가 맑아지는 기분을 느끼며 깜짝 놀란다.

이슬람 사제 오마르가 산속을 헤매다 커피나무를 처음 발견했다는 이야기를 묘사한 그림

칼디는 이슬람 사원을 찾아가 수도사에게 신기한 열매의 효능과 체험을 전하게 된다. 고된 수행으로 피로에 시달리고 정신 함양이 필요했던 수도사들에게는 반가운 소식이 아닐 수 없었다. 그 뒤로 심신 수양에 도움이 되는 신비의 열매로 알려지면서 여러 사원에서 이 빨간 열매를 찾게 되었다고 한다. 그러나 칼디의 이야기는 어디까지나 설로 전해지는 이야기로, 그 지명이나 주인공, 전파 과정을 역사적으로 증명하기 어렵다고 볼 수 있다.

또 한 가지 설은 예멘에서 전해지는 이야기다. 이슬람 사제로 알려진 오마르라는 인물은 기도와 신비로운 약 처방으로 환자를 치료하는 능력이 있었다고 한다. 어느날 오마르는 나라의 공주가 중병에 걸렸다는 소식을 듣고 국왕을 찾아가 극진한 치료로 공주를 낫게 했다. 그러다 공주와 사랑에 빠지게 되었는데 국왕은 신분이 낮은 오마르를 못마땅하게 여겨 공주 몰래 깊은 산속으로 추방했다. 먹을 식량과 마실 물도 없이 며칠 동안 하염없이 산속을 헤매던 오마르는 새 한마리가 요란하게 울어 대는 곳을 무심코 바라보게 되었다. 그런데 가까이 가 보니 새가 앉아 있는 나무에 붉은 열매가 주렁주렁 열려 있었다. 허기와 갈증으로 허덕이던 오마르는 허겁지겁 열매를 따 먹었고, 그 순간 신기할 정도로 몸에 활력이 생기면서 기력이 회복되는 것을 느꼈다.

'이것은 알라의 선물이다! 축복이다!'

그 후 오마르는 신께서 자신에게 신비로운 선물을 주었다고 생각하고, 그 열매를 수확해 환자들을 치료할 때 사용했다고 한다. 기력이 없던 환자가 그의 치료에 따라 기력을 찾고, 활기차게 변하는 것을 본 사람들이 입소문을 내면서 그의 영험한 능력이 이슬람 전역으로 퍼져 나갔고 사람들은 그를 '모카의 성인'이라 부르게 되었다고 한다.

언급한 두 전설 모두 그럴듯하지만, 어느 쪽이 명확한 진실인지는 사실 확인이 불가능하다. 구전으로 전하는 이야기인 데다 신뢰할 만한 역사적 기록이 남아 있지 않기 때문이다.

카페의 탄생

오늘날의 카페에 대해 어느 유명 소설가는 '조선시대의 사랑방과 같은 곳'이라는 의견을 내놓았다. 조선시대의 사랑방은 바깥손님들이 출입하고, 의견을 나누는 소통의 공간이었다. 하지만 현대에 와서 집과 생활의 공간이 모두 개인화되고 사랑방은 집 안이 아닌, 집 밖으로 나와 공용화되기 시작했으니, 그런 공간이 차를 마시는 카페라고 할 수도 있겠다. 공감이 가는 의견이 아닐 수 없다. 오늘날 우리는 비즈니즈로 사람을 만날 때, 친구를 만날 때, 심지어 공부할 때조차 카페를 찾으니 말이다.

그렇다면 이와 같은 카페, '커피 하우스'는 어디서 유래했을까?

여러 역사 기록에 따르면 15세기 즈음에 '카페'라는 공간이 처음 생겨났다고 한다. 오스만제국의 수도였던 콘스탄티노플에 1475년에 개점한 '키바 한Kiva Han'을 최초의 카페(당시에는 커피 하우스로 불렸다고 한다)로 보는 설이 유력하다. 커피커퍼 커피박물관의 다양한 수집품에서도 알 수 있

오스만제국 사람들에게 커피 하우스는 커피를 즐기면서 오랜 시간 담소를 나누는 문화적 공간이었다.

듯이 당시에는 여성이 커피를 제공하는 노동을 도맡았다. 심지어 결혼한 여성이 남편에게 일정 수준 이상의 커피를 제공하지 못할 경우 이혼을 당할 수도 있었다. 지금처럼 커피가 기호품이나 음료로 분류되지 않고, 가정생활과 사회적 관계망을 유지하는 일종의 규칙에 속했던 것이다.

중동 지역에서 가장 활발한 상업지구이자 문화와 종교의 중심지였던 수도에 커피 하우스가 생기면서 대부분의 남성들은 이곳에서 의견을 교환하고 정치적 견해를 나누기 시작했다. 엘리트 계층의 사회 활동이자 지적 활동의 발판이 커피 하우스로 집중되면서, 카이로와 같은 중동의 대도시에 커피 하우스가 우후죽순으로 생겨났다.

이렇게 시작된 커피 하우스의 문화가 유럽에 전파된 것은 17세기에 이르러서다.

황동으로 제작된 19세기 오스만튀르크의 터키시 커피 용구(커피커퍼박물관 소장)

© Lee Sungmin

1686년 문을 연 파리의 카페 르 프로코프. 나폴레옹도 즐겨 찾았다고 알려진 이 카페는 여전히 성업 중이다.

유럽에서는 기독교문화가 종교는 물론 정치활동과 생활 전반에 녹아 있었는데, 그 때문에 유럽인에게는 이슬람문화권에서 건너온 커피에 대해 '이도교인들이나 마시는 나쁜 음료'라는 인식과 거부감이 강했다. 이슬람권에서는 '포도주처럼' 달콤한 음료에 비유할 만큼 사랑받는 음료였는데 말이다.

따라서 이탈리아의 무역상들이 커피를 유럽에 들여온 뒤에도 사람들의 정서적 거부감이 너무 커서 유럽에 전파되기까지 어려움이 무척 많았다. 결정적 계기가 되었던 것은 1600년경 교황의 지침이었다. 커피를 '사탄의 음료'라며 청원을 올리는 시민들의 말이 허황되고 터무니없다고 생각한 교황 클레멘스 8세Clemens VIII는 "커피는 악마의 음료라고 보기에는 너무 맛있습니다. 커피에게 제가 세례를 하겠습니다"라는 충격적인 선언을 했고, 이는 교황의 말씀을 어길 수 없

교황 클레멘스 8세의 초상. 이교도의 음료였던 커피에 세례를 내리고 축복을 주면서 커피는 거부감 없이 유럽인이 사랑하는 음료가 될 수 있었다.

는 사람들에게 인식의 변화를 가져오는 계기가 되었다. 이를 정설로 볼 수는 없으나 공교롭게도 유럽 전역으로 커피가 퍼져 나가기 시작한 시기가 교황의 '커피 세례' 시점과 맞물린다는 점에서 흥미 있는 일화라고 할 수 있겠다.

유럽 최초의 커피 하우스는 이탈리아 베네치아에 생겼다. 베네치아는 상인의 도시답게 문물을 받아들이는 데 앞장섰던 것으로 추측된다. 그 후 영국 런던, 프랑스 파리에 이르기까지 유럽 전역에 커피 하우스가 설립되었고, 수많은 예술가와 정치가들은 아무리 마셔도 취하지 않는 음료를 판매하는 건전한 공간 즉, 커피 하우스에 모여 예술과 정치를 논하며 유럽의 근대를 이끌었다. 당시 영국에서는 커피 한 잔 값만 있으면 누구나 커피 하우스에 들어가 정치, 사회, 문화에 이르는 다양한 논쟁에 자유롭게 참여할 수 있었다. 이에 영국에서는 '커피 하우스 정치인'이라는 신조어가 생겨나기도 했다.

프랑스 파리에서는 장자크 루소Jean-Jacques Rousseau와 같은 사상가들이 아지트로 커피 하우스를 자주 이용했다. 루소 외에도 볼테르Voltaire가 즐겨 찾았다는 '르 프로코프Le Procope'는 1686년 개점 후 여전히 파리에서 성업 중이다.

귀족 계급 특유의 꽉 막히고 경직된 살롱 문화와는 다르게 유연하게 열려 있던 커피 하우스의 비계급적 분위기는, 평등 그 자체를 상징하게 되었고, 시민들은 카페에서 정치와 문화를 치열하게 논하며 사회 개혁 의식을 키워 나갔다.

커피의 역사

"더 깊고 진한 치명적 중독, 악마의 유혹"

한 커피 회사에서 짙고 깊은 커피의 풍미를 강조하기 위해 만든 이 카피는 대중에게 많은 사랑을 받으며 제품을 히트 상품에 올려놓았다. 사실 오래전부터 커피는 퇴폐적인 단어들에 비유되곤 했다. 터키의 한 속담은 커피를 "지옥처럼 검고 죽음처럼 강하며, 사랑처럼 달콤하다"라고 표현하고 있다. 또 커피는 활력을 부여하고 정신이 번쩍 들게 하는 각성 효과 때문에, '힘'이라는 뜻을 지니기도 했다. 한 잔을 마시면 강력한 신체 변화를 느낄 수 있을 뿐 아니라, 깊은 풍미로 사람을 매료시키는 커피는 시대에 따라 권력이 되기도 하고, 때로는 문화가 되기도 했으며, 개인의 기호나 선호를 나타내는 취향의 문제가 되기도 했다.

대륙에서 대륙으로 전파된 커피의 이동 경로와 그 스토리를 살펴보면, 그 어떤 역사보다 흥미로울 것이다.

'커피Coffee'라는 단어는 어떻게 탄생했을까. 아라비아에서 유럽으로 이동한 커피는 터키에서는 '카베Kahve' 이탈리아에서는 '카페Caffé', 프랑스에서는 '카페Café', 영국에서는 '커피Coffee'로 불렸다. 표기에 조금씩 차이가 있기는 하지만, 오늘날 우리가 통칭 '커피'라고 일컫는 음료는 발견과 전파에서부터 세계적으로 유사하게 통용된 것을 확인할 수 있다.

그렇다면 아프리카에서 처음 발견된 커피가 어떻게 여러 대륙을 거쳐 오늘날 전 세계에 걸쳐 가장 사랑받는 음료가 되었을까? 그 긴 여정을 한번 따라가 보자.

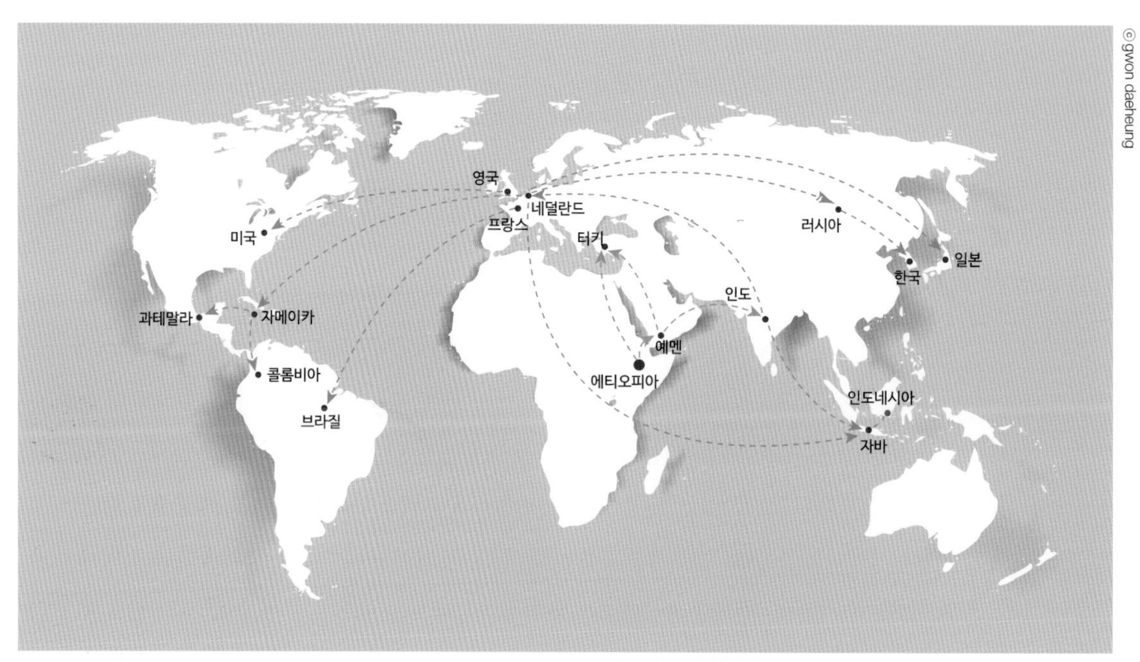

아직까지 정확한 커피의 이동 경로가 밝혀진 바는 없다. 대부분 확증할 만한 역사적 증거가 부족하고 여러 가지 설이 난무하기 때문이다. 이 지도는 국가와 국가 간 커피의 이동과 전파를 여러 자료를 토대로 필자 나름대로 정리해 본 것이다.

• 아프리카 | 커피의 시작

앞부분 '커피의 발견'에서 살펴본 것처럼, 에티오피아의 칼디라는 양치기 소년이 처음 커피 열매를 먹고 흥분하는 양을 보고 커피를 수도사들에게 알린 것이 오늘날 커피 전파의 시작이라 보는 설이 바로 아프리카 유력설이다. 칼디가 발견한 커피가 사원으로 전해져 수도사들이 각성 효과와 함께 활력을 얻게 되자 커피에 신비한 효능이 있는 것으로 여기고 결국 커피의 전파에 힘을 실어 주었다는 것이다.

커피가 최초로 발견된 곳이 칼디 설의 아프리카 에티오피아이거나 오마르 설의 아라비아 예멘이거나 지리적으로 보면 두 곳이 매우 근접한 곳이다. 또 최초의 출발은 달라도 두 지역은 역사적으로 커피가 매우 발달된 곳이다. 칼디 설에 따라 에티오피아에서 최초로 발견되었다고 가정한다면 커피는 예멘을 비롯한 아랍 지역으로 건너간 것으로 보인다.

• 서아시아 | 카페의 탄생

사람의 기분을 좋아지게 만들고, 활력을 주는 효능이 너무 신기했기 때문에 한동안 커피를 마시는 것을 금지했을 만큼 이슬람 전역에서는 커피가 호황을 누렸다. 오스만제국 때에는 이스탄불에 '가누스 카프베'라는 최초의 카페가 문을 열었는데, 그 때문에 커피의 원조설을 오스만제국으로 보는 견해도 있다. 하지만 아프리카 에티오피아에서 커피가 발견된 것이 6~7세기이고, 아라비아 예멘에서 처음으로 커피가 재배된 것이 11세기 정도이니 신빙성은 부족하다.

• 아라비아 | 처음으로 커피를 재배한 예멘

커피는 홍해를 건너 아라비아 남쪽 끝에 있는 예멘에까지 전해졌는데, 예멘에서는 커피를 공급받는 대신, 직접 재배하는 방식을 택하게 된다. 우리가 즐겨 마시는 '모카커피'는 커피를 수출하던 모카Mocha 항구에서 유래한 것으로, 붉은 커피 열매를 직접 섭취하거나 거름망 없이 그대로 끓여 마시던 커피를 현재의 커피와 가장 유사한 형태로 즐기기 시작한 곳도 예멘이었다. 오늘날 '모카'는 에스프레소에 초콜릿이나 향을 첨가한 커피를 뜻한다.

ⓒ Itsra Sanprasert

1 커피에 초콜릿을 첨가한 모카커피 2 커피 무역이 활발히 이루어졌던 예멘의 모카항 풍경을 묘사한 그림

© 4Kclips

1720년 이탈리아 베네치아에서 개업하여 여전히 성업 중인 이탈리아 최초의 카페 '카페 플로리안'

• 유럽 | 지식인들의 사교장, 카페가 생겨나다

유럽에는 십자군 원정 때 이슬람으로부터 커피가 유입된 것으로 알려져 있다. 처음에는 이교도의 음료라 하여 배척되었지만 결국 유럽 전 지역으로 퍼져 나가게 된다.

1616년 네덜란드 상인이 인도로부터 커피 원두를 들여왔다는 기록도 있다. 어찌 되었든 유럽은 커피를 다양한 방법으로 즐기며 오늘날 카페 문화의 시작을 알렸다고 해도 과언이 아니다. 에스프레소, 카푸치노Cappuccino, 카페오레Café au lait 등 커피를 새롭고 신선하게 즐기는 방법이 유럽에서 생겨나 유행했다.

의사가 치료를 돕고 환자에게 편안함을 주기 위해 커피에 우유를 타 마시기를 권한 것도 유럽에서였다. 당시에는 고가였던 설탕을 첨가해 커피의 풍미를 살린 것도 프랑스의 루이 16세 때

일이다. 지식인들이 사교의 장으로 삼고 문화와 정치 토론의 장으로 선택한 카페가 흥행한 것도 유럽의 커피 문화에서 시작되었다. 아라비아에서 건너간 커피가 유럽인들의 다양한 문화와 만나면서 화려하게 꽃을 피웠다고 할 수 있다.

커피의 인기가 전 유럽으로 확대되면서 여러 나라에 오늘날의 카페와 같은 커피 하우스가 들불처럼 번져 나갔다. 17세기 말에 이르러서는 영국과 프랑스, 독일, 이탈리아 등에 수많은 커피 하우스가 세워지게 된다. 그중에도 이탈리아의 '카페 플로리안Caffé Florian'은 커피 애호가라면 한번쯤은 들러 봐야 할 명소로 알려져 있다. 카페 플로리안은 베네치아 산마르코 광장에 1720년에 세워져 현재까지 300년 가까이 성업 중이다.

• 인도네시아 | '자바' 커피의 탄생

커피나무를 빼돌려 식민지에 심으려던 네덜란드인들 덕분에 인도네시아에서 예멘의 모카에 필적하는 '자바Java' 커피가 탄생하게 된다. 당시로서는 상상할 수 없었겠지만, 1696년 자바섬에서 커피나무 재배가 시작되면서 커피의 양대 산맥인 예멘의 '모카'와 인도네시아의 '자바'가 탄생하게 되었다. 인도네시아는 바다에서 솟아오른 화산지형이 대부분인데, 화산지형의 토지에는 무기질이 다량 포함되어 있어 커피나무 재배에 아주 이상적인 조건이다. 그 후 인도네시아는 아시아 최대의 커피 생산국으로 성장하게 된다.

© Akhmad Dody Firmansyah

원두를 수작업으로 분류하고 있는 인도네시아 자바섬 농부

1773년 일어난 '보스턴 차 사건'을 묘사한 판화. 인디언 복장으로 위장한 사람들이 영국 상선에 올라 차를 바다에 버리는 장면이다.

• 미국 | 커피를 통한 자유 독립 운동

미국의 경우에는 조금 특이한 상황에서 커피 문화가 형성된다. 미국인들이 홍차 대신 커피를 마시는 것을 일종의 자유의 상징으로 여기게 된 '보스턴 차 사건Boston Tea Party'을 계기로 커피를 통한 독립 운동이 벌어진다. 1773년에 일어난 '보스턴 차 사건'은 영국이 미국에 수출하는 차에 세금을 부과하는 법안을 통과시키자 화가 난 보스턴 주민들이 정박해 있던 영국 상선에 올라가 차를 모두 바다에 버리고 대규모 항의를 한 사건이다. 이 사건은 결국 미국 독립 혁명의 발단이 되기도 했는데, 홍차를 마시던 미국인들은 커피를 마시게 되었고, 커피는 미국인들의 국민 음료로 자리 잡을 만큼 사랑받게 된다.

오늘날 유럽연합을 제외하면 전 세계 커피 수입량 1위를 차지하는 곳이 바로 미국일 만큼, 미국인들의 커피 사랑은 남다르다(오른쪽 도표 참조).

세계 주요 커피 수입국 단위: 60kg 포대

순위	국기	국가	수입량
1위		유럽연합	4224만
2위		미국	2578만
3위		일본	791만
4위		러시아	463만
5위		캐나다	360만
6위		알제리	235만
7위		대한민국	230만
8위		호주	180만

출처: 국제커피협회(ICO) 2017

최초의 커피숍이 있던 손탁 호텔의 엽서(1909년 발행)

• 브라질 | 세계 최대의 커피 생산국

브라질의 커피 재배는 프랑스에 의해 커피나무가 전파되면서 시작되었다. 유럽 본토에서 커피나무가 직접 브라질로 건너간 것은 아니고 프랑스의 식민지였던 남아메리카 기아나Guiana에서 1727년에 브라질로 넘어간 것이다(기아나의 현재 국가명은 수리남).

브라질은 비옥한 토양에 커피 재배에 적합한 습기와 기온, 값싼 노동력이 더해지면서 20세기 이후 전 세계 커피의 절반가량을 생산하게 된다. 그러나 다량의 커피를 생산하는 과정에서 극심한 노동력 착취가 커다란 사회문제가 되기도 했다. 브라질은 넓은 국토의 특성상 지역별로 기후와 토양 조건이 달라 다양한 품종과 품질의 커피가 생산된다.

브라질은 세계 최대의 커피 생산국이면서 동시에 최대 소비국이기도 하다. 2017년 통계에 따르면 300만톤 이상을 생산해 세계 1위 생산국 자리에 올랐고, 커피 소비 또한 세계 2위를 차지했다.

• 대한민국과 일본 | 커피를 사랑한 고종과 UCC 커피의 탄생

우리나라의 커피 역사를 다룰 때 커피 애호가였던 고종 황제를 빼놓을 수 없다. 1896년 고종이 일본의 위협을 피해 1년가량 러시아 공사관에 머무르는 아관파천俄館播遷이 일어나면서 커피를 마시기 시작했다고 알려졌는데 고종은 그 후 커피 마니아가 되었다고 한다. 당시 고종의 커피 시중을 들던 독일인 앙투아네트 손탁Antoinette Sontag이라는 여성은 1902년 서울 정동의 손탁 호텔에 커피 하우스를 열기도 했다. 역사성 때문인지 최근에 도심 곳곳에서 '손탁'이라는 브랜드를 단 커피 전문점을 쉽게 찾아볼 수 있다.

일본은 우리보다 먼저인 1877년에 네덜란드인이 커피를 전해 준 것을 시작으로 1888년 일본 도쿄에 초나가요시鄭永慶가 최초의 커피점 '가히차칸可否茶館'의 문을 연다. 쇄국정책을 풀고 문호를 개방한 일본에서는 외국과의 무역이 활발해지면서 무역항을 중심으로 커피 문화가 자연스럽게 전파되었다.

일본은 1969년, 세계 최초로 캔 커피를 생산하며, 기성품 커피의 시작을 알리기도 했다. UCC 커피의 창업자인 우에시마 다다오上島忠雄는 '세상 모든 사람에게 언제, 어디서든 맛있는 커피를 마시게 하고 싶다'는 일념으로 캔 커피를 만들게 되었다고 한다. 오늘날에는 너무 흔해서 오히려 선호 순위에서 멀어진 캔 커피이지만, 당시에는 우유가 포함된 커피를 캔으로 마실 수 있다는 사실에 사람들은 무척 충격을 받았고, 1970년 오사카 만국박람회를 계기로 대중적으로 큰 인기를 끌었다.

세계 최초의 캔 커피 UCC 커피

화려한 도자기 기법이 돋보이는 20세기 영국 커피 잔과 접시 세트(커피커퍼박물관 소장)

우리나라 커피의 역사

커피 애호가로 알려진 고종 황제

커피 애호가들이 늘어나면서 커피에 관한 전문가적 식견을 갖춘 사람도 많아졌지만, 동시에 명확한 근거나 역사적 자료가 뒷받침하지 않는 이견異見이 있는 것도 사실이다.

가끔 커피박물관을 찾는 방문객들과 이야기를 나누다 보면 커피에 대한 수준 높은 정보와 지식을 지니고 있는 사람이 많아 깜짝 놀라게 된다. 그런데 우리나라 최초로 커피를 마신 이에 대한 의견은 여전히 분분하다. 우리나라에서 최초로 커피를 마신 인물이 고종 황제라고 믿는 설이 최근까지 신빙성 있는 것으로 여겨졌지만, 아관파천 당시 고종이 커피를 접했다는 설을 부정하는 의견도 적지 않다.

"1896년, 고종 황제가 아관파천 당시 러시아 공사관에서 처음 커피를 대접받았다."

우리나라 커피에 관한 역사는 방송과 잡지 등의 언

1 1899년에 제작된 고종 황제의 은제 커피 잔 **2** 미국의 천문학자 퍼시벌 로런스 로웰(1855~1916)

론, 그리고 다양한 책에 소개되었다. 2012년에는 고종 황제와 커피를 소재로 다룬 〈가비〉라는 영화가 제작되기도 했다. 대부분 1890년 전후에 우리나라의 커피 역사가 시작되었다고 하는데, 최초로 커피를 접한 사람이 누구인지에 대해서는 그동안 여러 이견이 있었다. 고종 황제 유력설을 말하는 이들이 대부분이었지만, 시간이 흐르며 반박설과 함께 이를 뒷받침하는 자료가 속속 등장하고 있다. 고종 황제 유력설 대신 등장한 반박설의 내용은 무엇인지, 고종 황제가 아니라면 우리나라 최초의 커피 애호가는 누구인지 알아보자.

자료에 따르면 한국의 커피와 관련된 역사적 기록을 처음 남긴 사람은 천문학자이던 미국인 퍼시벌 로런스 로웰Percival Lawrence Lowell이라고 전해진다. 1883년 일본을 방문한 그는 당시 조미수호통상 사절단(정사 민영익, 부사 홍영식 등)을 만났다. 로웰은 주일 미국 공사의 요청으로 이들을 미국으로 데리고 가는 업무를 맡았는데, 그 후 왕실 초청으로 약 3개월간 조선에 머물게 된다. 그 기간 동안 로웰은 한양에 머물며 조선의 정치, 경제, 문화, 사회 등에 관한 다양한 글을 남겼

ⓒ Photomaniakung

개화기 초기 커피는 현재와는 많이 달랐다. 설탕과 커피 가루를 넣고 뜨거운 물에 저어 마시는 오늘날의 믹스커피에 가까웠다.

다. 1885년, 고향으로 돌아간 그는 기록들을 정리해 《고요한 아침의 나라 조선Choson, the Land of the Morning Calm》이라는 책을 출판했다.

이 책에는 1884년 1월 어느 날, 조선의 고위 관리가 로웰 일행을 집으로 초대했고, 한강이 내려다보이는 아름다운 별장에서 커피를 마셨다는 이야기가 나온다. 겨울이라 꽁꽁 얼어붙은 한강을 바라보며 마시는 따뜻한 커피 한잔에 대해 로웰은 다음과 같이 기록했다.

"우리는 다시 누대 위로 올라 당시 조선의 최신 유행품이던 커피를 마셨다."

우리가 흔히 알고 있는, 고종이 아관파천 당시 러시아 공사관으로 피신해 최초로 커피를 마셨다는 설보다 12년 앞선 기록이다. 그의 표현에 따르면 커피가 "조선의 최신 유행"이라고 쓰여 있다. 이 기록이 사실이라면 책에 쓰인 1884년, 또는 그 이전부터 조선에는 커피가 유행 또는 보급되었음을 알 수 있다. 그의 말이 과장된 농담이거나(실제로는 유행품이 아닌 신문물인데 반어법을 써서 말했을지도 모른다) 고귀한 대접에 대한 황송한 마음을 담은 찬사라고 해도 조선에 커피가 등장한 때가 확실히 아관파천 이전 시점이라는 사실에는 변함이 없다.

그 무렵 조선은 서양에 거의 알려지지 않았고 어느 나라의 속국 정도로 여겨지는 작고 약한 나라였다. 그럼에도 조선에는 주변국에서 유행하는 물품들이 전파되고 미미하나마 여러 나라와 교류는 있었을 것으로 짐작된다. 특히 해외 사신 등 고위 관직에 있던 이들은 서양 문물을 접하기가 훨씬 수월했을 테고, 서양의 근대 문명을 누구보다 먼저 접했을 것으로 추측된다.

또 그 무렵 무역이 활발해지면서 고위 관직에 오른 이가 아니라도 상인들은 각종 무역 상품을 국내에 반입하며, 커피 문화에 좀 더 빨리 접근할 수 있었을 것이다. 이 때문에 개항 이전부터 신문물이 들어오면서 새롭게 생겨난 조선만의 문화에 대해 서양인들은 자신들이 관찰한 것을 기록으로 남겼고, 조선의 독특한 문화를 서양에 알렸다.

특히 1800년대 후반에는, 서구에서 시작된 산업혁명이 성숙함에 따라 대륙 간의 교역이 활발해져 조선의 근대화도 급물살을 타게 된다. 이 산업화와 근대화 과정에서, 서양에서 유행하던 커피가 자연스럽게 여러 나라로 급속히 전파되었고, 식민지 개척자들이 아프리카에서 가져온 아라비카 커피나무는 인도네시아 등에서 대규모로 재배되기에 이른다.

커피 문화가 유럽 전역으로 퍼질 무렵 조선은 일본의 강압에 의해 강화도조약을 맺고 '개화'라는 명목 아래, 여러 서양 문물을 받아들이게 되었다.

1882년 즈음, 조선은 미국과 영국은 물론 독일, 이탈리아, 러시아 등과 수교를 맺게 되고, 이에 따라 각국의 문물이 앞다투어 조선에 들어왔다. 그 무렵 각국의 선교사를 비롯해 여행자들과 외교관 등 조선에는 제법 많은 외국인이 머물면서, 사회 곳곳에서 조선인과 외국인이 만나 문화를 교류하며 다양한 기록물을 남겼다.

독일의 항해가이자 상인인 에른스트 야코프 오페르트Ernst Jakob Oppert는 1868년 통상을 목적으로 조선을 방문했지만 통상 협상이 두 번이나 거절되자 남연군 분묘 도굴 사건과 인천 영종진 습격 등으로 좋지 않은 인상을 남긴 후 고국으로 돌아가 조선을 소개하는 책을 출판했다. 책에는 커피에 대한 정확한 기록은 없지만, 조선이 당시 서양의 다양한 문물을 수용하고 여러 나라와 교류하고 있다고 기록했다. 이는 고종이 커피를 마셨다는 시점보다 무려 30년 이른 시기로 이미 커피가 조선에 들어와 있었다고 유추할 수 있는 기록이다.

1884년 미국의 의료 선교사로 조선을 방문한 호러스 뉴턴 알렌Horace Newton Allen의 일기에는 조선에서 마신 커피에 대한 기록이 확실히 담겨 있다.

미국의 선교사 호러스 뉴턴 알렌(1858~1932)은 1885년 한국 최초의 근대식 병원 제중원(濟衆院)을 설립한 인물이다.

"어의御醫로서 궁중에 드나들 때 시종들로부터 홍차와 커피를 대접받았다."

호러스 뉴턴 알렌이 조선에 들어오고 얼마 뒤인 1884년 12월에 갑신정변이 일어나고 그는 일본 자객에게 칼을 맞은 명성황후의 조카 민영익을 치료하게 된다. 이 일이 계기가 되어 고종의 신임을 얻어 어의가 되고 자연스레 궁중을 드나들게 되었다. 그런데 이때 시종들로부터 커피를 대접받았다는 것이다. 푸른 눈의 알렌이 궁중의 시종들로부터 커피를 대접받았을 만큼 이 시기에 커피는 이미 차 문화의 일부로 일상화되었다고 가늠할 수 있는 대목이다.

1885년 조선 주재 영국 영사를 지낸 윌리엄 칼스William Carles의 저서 《조선풍물지》에도 조선에서 마신 커피 이야기가 나온다. 당시 조선에서 외교와 세관 업무를 맡은 파울 게오르크 폰 묄렌도르프Paul Georg von Möllendorff와 함께하며 "우리는 이제 좋은 곳에서 씻을 수 있고 커피를 마

1 릴리어스 호턴 언더우드의 저서 《조선 견문록》 표지 **2** 릴리어스 호턴 언더우드(1851~1921)

시게 되는 사치스러움에 감사하게 되었다"라는 글을 남겼다.

1889년 선교 활동을 위해 조선에 들어온 미국인 릴리어스 호턴 언더우드Lillas Horton Underwood의 저서에도 커피에 대한 이야기가 있다. 당시 조선의 가마를 타고 북부 지방으로 신혼여행길에 오른 언더우드 부인은 "지역민들에게 벌꿀로 향기를 돋운 커피를 대접받았다"라고 기록했다. 조선에서 커피를 소비하는 문화는 현재의 모습과 크게 다르지 않았던 것으로 보인다. 살롱과 같은 우아함, 문화를 교류하는 자유분방함, 그리고 권력을 중심으로 이뤄졌던 친목의 현장은 마치 다양한 커피를 소비하는 오늘날의 카페 형태와 크게 다르지 않았다고 할 수 있다.

커피의 생산과 재배

커피커퍼 커피박물관을 찾는 아이들은 커피가 나무에서 열린다는 사실을 알면 눈이 동그래진다. 아이들이 흔히 알고 있는 커피는 드립으로 내린 맑은 빛깔의 아메리카노Americano이기 때문에, 커피가 생두처럼 생긴 나무 열매라는 것을 알고 나면 의아해하며 어째서 커피 열매가 커피색이 아닌지 질문하곤 한다.

커피 애호가들이 많아지긴 했지만, 커피의 생장에 관해서는 별 관심이 없는 사람도 많을 것이다. 동네 카페에만 가도 손쉽게 양질의 원두를 구할 수 있기 때문인데, 사실 좋은 커피를 마시고 싶다면 생두 관리법과 재배 환경까지 두루 알아 두는 것이 좋다. 같은 커피라고 해도 로스팅 방법에 따라 그 깊이와 맛이 달라지듯, 커피의 재배 환경은 좋은 커피를 만드는 데 기초적이면서도 아주 중요한 요소다.

커피나무는 관엽수다. 원산지는 앞서 설명한 것처럼 에티오피아. 야생에서 자연 상태 그대로는 약 4~8m까지 자라지만 농장에서는 수확을 위해 나무의 높이를 2~3m로 제한하여 재배한다. 우리처럼 온실재배도 가능하다. 나무껍질은 회백색을 띠고, 가지는 양옆으로 아래를 향해 퍼져 있어서 마치 양팔을 벌린 것 같은 모양새다.

2년이 지나면 1.5~2m까지 자라는 커피나무는 그맘때 첫 번째 꽃을 피운다. 커피나무가 성장한 지 3년째가 되면 완전히 성숙했다고 볼 수 있는데 이때부터 열매를 수확할 수 있다. 그 후 길게는 약 30년 동안 커피 체리coffee cherry 열매를 생산한다. 커피꽃은 흰색을 띤다. 꽃을 피울

© iMoved Studio

커피나무는 흰색의 꽃을 피우는데 꽃이 떨어지면 그 자리에 열매가 맺히고 커피 체리가 열린다.

때 재스민 향과 함께 매우 복합적이고도 강한 향이 난다. 수술은 5개, 암술은 1개인데 일반적으로 아라비카Arabica는 자가수분을 하고, 로부스타Robusta는 타가수분을 하는 것으로 알려져 있다. 아라비카 꽃잎은 5장, 로부스타 꽃잎은 5~7장이다. 지금은 거의 재배하지 않는 리베리카Riberica는 꽃잎이 7~9장이며 꽃을 피우는 기간이 매우 짧아 2~3일 만에 꽃이 바로 진다. 수정이 되면 꽃밥이 갈색으로 변하고 꽃이 떨어지면 열매를 맺는다. 꽃은 보통 건기에 피는데, 그 시기는 커피 산지마다 다르다.

커피 품종은 매우 다양하다. 하지만 식물학적 차원에서는 크게 세 가지로 나눌 수 있다. 아라비카, 로부스타 또는 카네포라Canephora, 리베리카다. 이 분류는 1733년 식물학자 칼 폰 린네Carl von Linné가 분류한 방식이다. 재배 품종으로는 리베리카를 빼고 브라질Brazil을 포함시키기도 한다. 남아메리카에 위치한 브라질의 커피는 아라비아 커피에 속한다. 보통 낮은 지대에서 오랫

아라비카

로부스타

리베리카

동안 재배하는데, 이때 특유의 개별적 특성이 만들어진다. 이 때문에 또 다른 품종으로 구분하는 것이 좋을 것 같다.

커피의 품종과 특징

종 류	아라비카	로부스타	리베리카
원산지	에티오피아	콩고	라이베리아
생산 비율	세계 총생산량의 60~70%	세계 총생산량의 30~40%	세계 총생산량의 1% 미만
재배 조건 및 특징	평균기온 16~24℃ 표고 800~2,000m 기후, 토양, 병충해에 민감해 재배 조건이 까다롭다.	평균기온 22~30℃ 표고 800m 이하 기생충, 질병에 강하고 단위 면적당 수확량이 많다.	평균기온 15~30℃ 표고 200m 이하 저지대 병충해에 강하나 수확량이 적고 재배 기간이 길다.
나무 높이	5~6m	10m	15m
생두 형태	납작한 타원형	둥글둥글하고 길이가 짧은 타원형	양 끝이 뾰족한 곡물 형태
고유 품종	티피카, 버번, 카투라, 블루마운틴 등	코닐론	---
생산 국가	브라질, 과테말라, 콜롬비아, 페루, 자메이카, 베네수엘라, 코스타리카, 엘살바도르, 인도네시아, 에티오피아, 케냐, 인도 등	콩고, 우간다, 카메룬, 앙골라, 베트남, 인도네시아, 마다가스카르, 인도, 브라질, 태국, 코트디부아르 등	수리남, 라이베리아, 코트디부아르 등

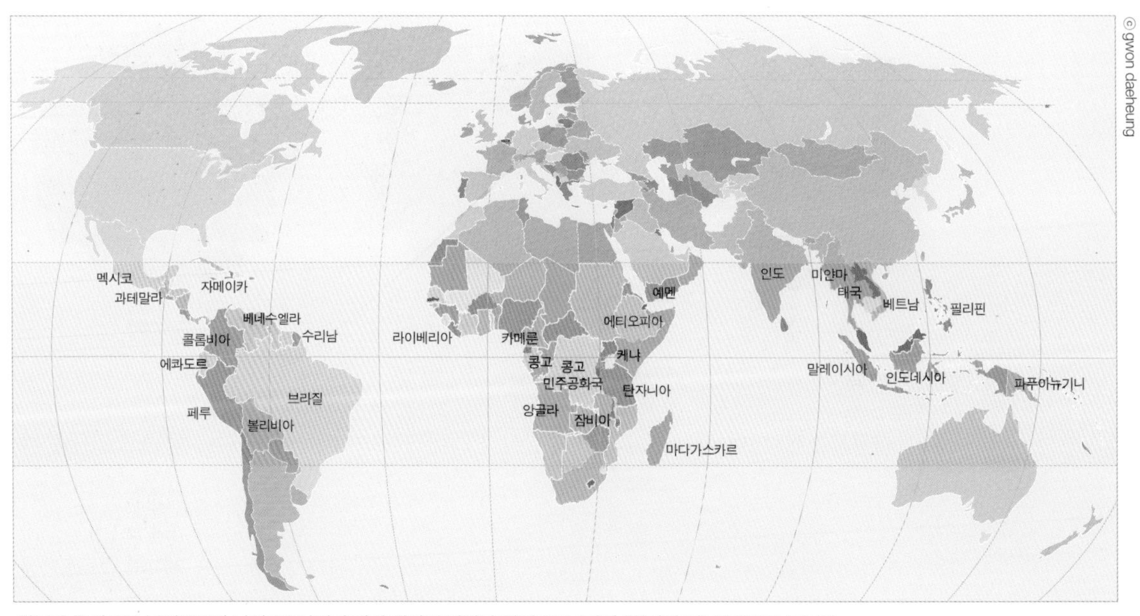

적도를 중심으로 북위 25° 와 남위 25° 사이가 커피 재배에 적합한 지역으로 '커피 존(커피 벨트)' 이라고 부른다.

세계 커피 생산지

커피는 생산지에 따라 맛과 향이 각기 다르지만 대부분의 커피나무가 많이 재배되는 곳은 적도를 중심으로 남·북위 25° 사이로 연간 강수량이 1,500mm 이상인 열대 및 아열대 지역이다. 우기와 건기의 구분이 또렷하고, 평균기온이 15~24도인 곳이 커피 재배에 적합하다. 일반적으로 이런 지역을 '커피 존coffee zone, 또는 커피 벨트coffee belt'라 부르기도 한다. 이 밖에도 유기질이 풍부한 화산재 토양이나 800m 이상의 고지대일수록 커피나무의 생장과 재배에 좋다.

커피 존, 커피 벨트라고 불리는 지역은 세계지도에서 보면 마치 긴 띠처럼 형성되어 있다. 이 커피 존에서도 양질의 커피가 생산되는 환경은 따로 있다. 남·북회귀선이 통과하는 23.5° 사이의 고산지대로 대부분 해발 높이가 1,000~3,000m에 이르고 연평균기온은 20~25도, 연강수량은 1,500~2,000mm 정도 되는 지역이 가장 좋은 품질의 커피를 생산하는 로열 지역이라고 할 수 있다.

아라비카 품종의 커피 체리

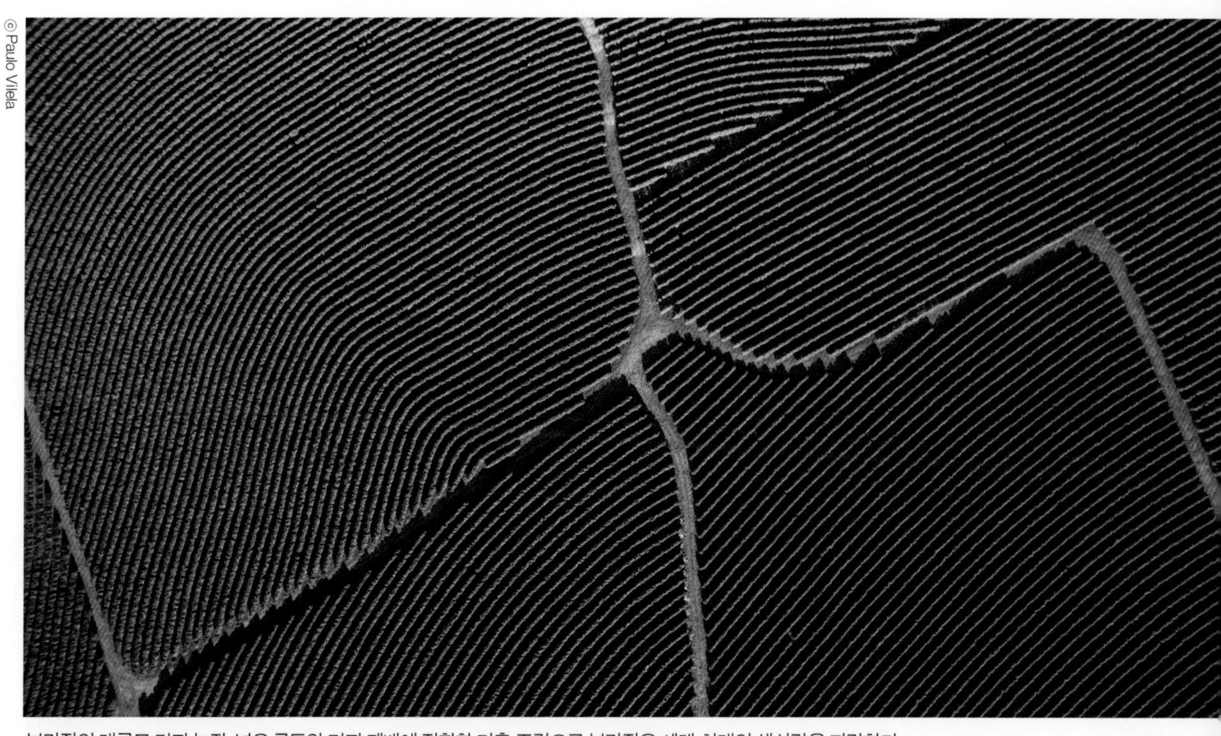
© Paulo Vilela

브라질의 대규모 커피 농장. 넓은 국토와 커피 재배에 적합한 기후 조건으로 브라질은 세계 최대의 생산량을 자랑한다.

이 로열 존을 포함해 브라질, 베트남, 콜롬비아, 인도네시아, 에티오피아, 온두라스, 인도 등 80여 개국에서 전 세계 소비량을 대부분 생산하는데, 주요 생산국 대부분이 아라비카종을 주로 재배한다. 브라질, 콜롬비아, 에티오피아 등이 그 대표적 국가다.

로부스타종은 아프리카 콩고가 원산지이지만 주로 재배하는 곳은 동남아시아의 베트남, 인도네시아, 인도 등이다.

커피나무는 열대 및 아열대 지역에서 주로 재배되다 보니 기후 조건만 맞으면 재배가 쉬울 것 같지만 생각보다 생장 조건이 까다롭다. 비가 적정량 내려야 하지만 꽃이 피는 개화 시기에는 수 개월 동안 비가 내리지 않아야 하고, 의외로 서늘한 기온에 습도가 높지 않아야 한다.

커피 벨트의 주요 산지를 간략히 살펴보면 다음과 같다.

• 브라질

브라질은 전 세계 커피 생산량의 25~40%를 생산할 만큼 아라비카종 커피의 최대 산지로 손꼽힌다. 전체 생산량의 80%가 티피카Typica와 버번Bourbon 품종을 교배한 아라비카종이며 나머지는 로부스타종이다. 저지대에서 대량 재배를 하기 때문에 주로 기계 영농법을 택하고 있고, 모양과 향미가 마일드종과는 달라서 '브라질종'으로 따로 구분 짓는 것도 특이점이다.

수확은 6~7월, 햇콩은 7월부터 선적한다. 대부분 한 번 수확하여 자연 건조를 하는데 향기와 상큼한 맛은 약하나 다른 커피와 잘 조화되는 중후함과 달콤함이 좋다. 따라서 에스프레소커피의 기본 블렌딩에 적합한 콩으로 평가받는다.

• 콜롬비아

콜롬비아는 커피나무 재배 면적이 110만 헥타르에 이르는 세계 2위의 아라비카 커피 생산국이다. 로부스타 커피 생산량까지 합친다면 생산 순위는 세계 3위에 해당된다. 버번, 티피카, 카투라Caturra, 마라고지페Maragogipe 품종 등이 생산된다. '콜롬비아커피생산자연합회FNC'의 효율적인 생산관리로 품질이 매우 잘 관리되고 있는 편이다. 콜롬비아커피생산자연합회는 1927년에 창립된 단체로 커피 농가의 생활 수준 향상과 커피의 품질을 지속적으로 강화하기 위해 운영되고 있다. 2018년에 글로벌 커피 품질 연구 단체로부터 품질상을 수상할 만큼 품질관리가 뛰어나다.

ⓒ posztos

커피 체리를 파치먼트 상태로 분리해 심고 있는 콜롬비아 농부

ⓒ John Wollwerth

에티오피아 전통 시장에서 생두를 손질하는 상인

• 에티오피아

아프리카에서 커피를 가장 많이 생산하는 곳이 바로 에티오피아다. 커피를 별로 즐기지 않는 사람도 에티오피아 커피는 한번쯤 들어 본 적이 있을 만큼 세계적인 생산량을 자랑한다. 2017년 생산량을 기준으로 보면 세계 6위에 올라 있다. '커피 마더랜드' 또는 '커피 탄생지'라고 불릴 만큼 커피 원산지로 취급되며 양치기 소년 칼디의 일화도 바로 이 에티오피아에서 시작된 이야기다. 하지만 커피 원산지이면서도 콩의 크기가 비교적 작고 가공이나 품질관리가 많이 떨어지는 단점이 있다.

에티오피아 북쪽 고산지대에서 재배되는 하라르Harrar 커피는 자연 건조하는 커피로 유명한데 중간 정도의 보디감을 지니며 건식법으로 가공된다. 국내 커피 애호가들에게 '예가체프' 로 불리며 인기가 높은 '이르가체페Yirgacheffe'는 물이 풍부한 지역에서 재배되어 비교적 상급의 품질로 평가받는다. 습식법으로 가공되는 이르가체페는 과일 향과 부드러운 꽃 향이 풍부해 '커피의 귀부인'이라는 별명이 붙을 만큼 전 세계인에게 사랑을 받고 있다.

• 코스타리카

코스타리카는 화산 지대의 풍부한 무기질 토양 덕분에 커피가 재배되는 나라 중에 단위 면적당 생산량이 가장 높다. 국가 차원에서 키피 재배를 체계적으로 관리하기 때문에 품질이 뛰어난 편이다. 코스타리카에서 커피는 3대 주요 수출품에 해당할 만큼 경제적 비중도 매우 크다.

코스타리카의 커피콩은 영롱한 청록색을 띠며 모양이 크고 표면이 깨끗하다. 강렬한 신맛과 보디감이 좋고, 단맛도 풍부해서 고급 커피로 분류된다. 원두 품질을 7등급으로 구분하는데 가장 높은 등급인 SHB는 생산량의 40% 정도를 차지하며 해발고도 1,200~1,650m에서 생산된다.

• 과테말라

과테말라는 품질이 좋은 아라비카 커피를 생산하는 것으로 유명하다. 커피콩은 버번, 카투라, 카투아이Catuai 등 세 품종에 불과하지만, 향기가 상큼하고 풍부한 데다 살짝 스미는 호두 향이

과테말라의 안티구아 커피는 타는 듯한 향을 지닌 고급 스모크 커피로 품질이 매우 높은 편이다.

매력적이다. 원두 형태가 크고 빛깔이 초록색을 띠어서 관상감 역시 좋다. 향기가 단조롭지 않고 조화롭게 섞이기 때문에 블렌드용으로 사랑받고 있다. 수확기는 8월에서 이듬해 4월까지, 재배지의 고도에 따라 품질 등급을 나누어 구분하기도 한다. 과테말라 커피는 미네랄이 풍부한 화산 지역의 토양에서 재배되기 때문에 품질이 매우 좋다. 고급 스모크 커피Smoke coffee의 대명사로 평가받는 안티구아Antigua를 생산한다.

• 케냐

케냐는 에티오피아, 탄자니아와 함께 동아프리카의 대표적인 커피 산지다. 고급 마일드종을 주로 수출하며, 주 수확기는 11월에서 12월이다. 부러운 것은 6월에서 8월까지 연간 두 번 수

1 케냐 커피는 대부분 1,500m 이상 고원지대에서 재배된다. **2** 탄자니아의 대표적 커피인 '킬리만자로 커피'의 원두

확한다는 것이다. 재배 지역의 평균 해발고도가 1,500~2,100m에 달하기 때문에 커피 재배에 최적의 조건을 갖추고 있다. 이곳에서 생산된 커피는 신맛이 뛰어나고 과일 향과 꽃 향이 매우 풍부해 커피의 다양한 맛을 즐기려는 소비자들에게 사랑받고 있다. 품질은 크기에 따라 구분하며 최고 품질의 커피를 '케냐AA'라는 별칭으로 구별하고 있다. 케냐의 커피 생산량은 2017년 기준으로 4만 7,000톤 정도다.

• 탄자니아

독일의 식민 지배를 받으며 커피 재배를 시작한 탄자니아는 동아프리카의 아라비카 커피 주요 산지다. 커피 산업이 본격적으로 발전하게 된 것은 제1차 세계대전 후 영국의 지배를 받으면서부터다. 탄자니아 커피의 풍미는 풍부한 보디감과 상큼한 맛, 과일 향기가 한데 어루어진 것이 특징이다. 남쪽 지역에서 워시드Washed법으로 가공한 커피는 에티오피아 커피와 비슷한 맛이

나고, 킬리만자로 기슭에서 재배되는 '탄자니아AA'는 우리나라에서 명품 커피인 '킬리만자로 커피'로 더 잘 알려져 있다. 등급은 원두의 크기는 물론 결점두를 골라내어 결정한다.

• 인도네시아

인도네시아에서는 아라비카 커피가 17세기 중엽, 로부스타는 20세기에 들어와서 재배가 시작되었다. 1877년 커피 녹병 이후 병충해에 강한 로부스타를 주로 재배했지만, 최근 소비 트렌드상 아라비카 커피 수요가 증가하고 있어 정책적으로 아라비카 커피의 생산량을 늘리는 데 노력을 기울이고 있다. 인도네시아 커피 중에서 수마트라섬 북부 린통 지역에서 생산하는 만델링Mandheling은 특히 보디감이 좋고 맛이 뛰어나 커피 애호가들의 사랑을 받고 있다. 자바섬에서 재배하는 '자바 커피' 역시 세계적으로 알려진 인도네시아산 커피다. 인도네시아에서 생산되는 로부스타종은 황갈색을 띠고 곡류 냄새와 흙냄새가 나는 것이 특징이다.

그라인더의 명품 브랜드 독일 자센하우스의 130년 된 핸드밀 3종(커피커퍼박물관 소장)

커피 산업의 현재

통계를 보면 전 세계 커피 총생산량은 2017년 기준 약 957만 9,000톤 정도로 매년 증가하고 있다. 그렇다면 우리나라의 커피 수입량은 어느 정도일까. 앞의 '커피의 역사'에서 도표로 밝혔듯이 국제커피협회ICO의 자료에 의하면, 우리나라의 커피 수입량은 세계 7위 규모다. 커피 생두를 비롯하여 원두, 인스턴트커피, 기타 조제품을 포함한 모든 커피류 수입량은 약 16만 5,600톤이다(2017년 기준).

국내에 소비된 커피류를 살펴보면 커피믹스가 가장 많이 판매되었고, 다음이 원두커피, 캔 커피, 커피음료, 인스턴트커피 순이다. 과거에는 커피믹스와 인스턴트커피 등의 커피류가 국내 커피 시장을 양분했지만 2000년 이후 스타벅스를 선두로 글로벌 커피 프랜차이즈가 성공 가도를 달리고, 다양한 커피 전문점이 생겨나면서 원두커피의 시장이 매년 급성장하는 추세다.

관세청과 커피업계의 통계에 따르면 2017년 기준 우리나라 성인은 1인당 연간 약 512잔의 커피를 소비하는 것으로 나타났다. 이는 10년 전보다 약 60% 정도 증가한 수치다. 산업적인 관점에서 시장의 규모를 보면 2017년 국내 커피 시장은 약 11조 7,000억 원에 이른다.

커피 상식

커피류 | 커피 원두를 가공한 것이나 이에 식품 또는 식품첨가물을 가한 것으로, 볶은 커피, 인스턴트커피, 조제 커피, 액상 커피가 여기에 속한다.

인스턴트커피 | 가용성 추출액을 건조시킨 것으로 물에 타 마시는 스틱 포장 커피를 총칭한다.

조제 커피 | 믹스커피로 불리는 대다수의 커피를 말한다.

액상 커피 | 구입해서 바로 마실 수 있도록 캔, 병, 컵 등에 담긴 커피를 얼음이 든 컵과 함께 판매하는 파우치형 커피를 말한다.

우리나라 커피 산업의 규모는 2017년 10조 원대을 돌파할 만큼 매우 큰 폭으로 성장하고 있다.

국내외 유명 프랜차이즈 커피 한 잔의 값은 결코 싸지 않다. 그런데도 전 세계 많은 사람들이 커피를 소비하는 추세는 지속적으로 증가하고, 커피와 관련된 문화와 용품 시장의 규모도 점차 확대되고 있다.

이렇게 소비되는 커피를 매출 규모로 환산해 보면 가히 어마어마하다. 전 세계 커피 시장 규모는 약 2조 3,000억 달러(한화로 약 2,456조 원) 규모로 연간 6,000억 잔이 소비되고 있다(2016년 기준).

많게는 5,000원을 훌쩍 넘는 커피 한 잔 가격을 생각할 때, 경기와 무관하게 커피 수요가 줄지 않고 오히려 매년 상승하는 현상은 흥미롭다. 이는 커피가 단순한 기호식품에 머물지 않고, 현대인들에게 음료 그 이상의 가치를 제공하는 것으로 해석할 수 있다. 덧붙이면 커피의 효능인 카페인이 바쁜 현대인들의 생활양식에 무엇보다 필요해졌기 때문이다. 하지만 사교, 비즈니

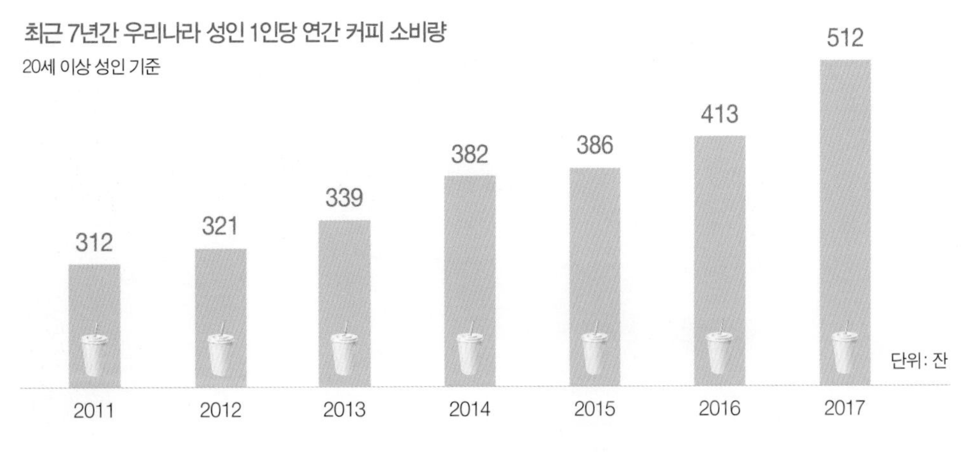

출처 : 농림축산식품부 · 한국농수산식품유통공사

스, 식후 디저트나 스몰 럭셔리 문화 등 부가적인 목적에서도 커피는 높은 만족감을 주고 있다는 해석 또한 가능하다.

여러 가지 면에서 커피는 단순히 기호식품에 그치지 않고 점차 현대인들의 생활이자 문화가 되었다고 해도 과언이 아니다. 이는 비단 우리나라만의 이야기는 아니다. 커피는 오늘날 전 세계에서 가장 많이 마시는 음료이고, 유통되는 상품 중에 석유 다음으로 교역량이 활발한 품목일 만큼 호황기를 누리고 있다. 커피커퍼에서 커피를 생산하고 판매하는 필자의 입장에서 보아도 모든 수치가 커피의 호황기를 가리킨다.

이렇게 커피 시장이 점차 확대되고 호황을 맞다 보니 커피 산업에 종사하는 인구도 자연히 늘어나고 있다. 커피 산업에 종사하는 인구를 살펴보면 세계적으로 약 1억 2,500만 명에 이른다. 그중 커피를 재배하고 생산하는 농부는 약 2,500만 명. 전 세계 농작물 경작지를 100으로 보았을 때 커피가 재배되는 경작지는 0.2%에 불과하다고 하니, 늘어나는 커피의 수요와 함께 커피 재배지는 확대될 가능성이 크다 하겠다(2017년 2월 《세계농업》 제198호 〈세계 농식품 산업 동향〉 자료 참조).

커피를 소비하는 인구가 증가함에 따라, 커피 문화를 즐길 수 있는 공간 역시 꾸준히 늘고 있는 추세다. 그 대표적인 공간이 커피 전문점이라고 할 수 있다. 국내 전체 커피 시장에서 커피

커피의 맛에 집중하는 소비자가 늘어나면서 원두를 직접 로스팅해서 판매하는 로스터리 카페가 많이 생겨나고 있다.

전문점은 매출 규모의 62.5%를 차지한다. 나머지 37.5%는 여러 제조업체에서 생산하는 완제품들이다. 그런데 스타벅스를 비롯한 대형 프랜차이즈가 차지하는 비중이 너무 크다. 그중 스타벅스는 전국에 1,100여 개의 매장을 운영하면서 매출 1조 2,634억 원에 영업이익 1천 144억 원을 기록해 홀로 독주하고 있다(2017년 기준).

스타벅스, 이디아, 투썸플레이스와 같은 대형 프랜차이즈가 국내 커피 전문점 시장을 점령하고 있지만, 다른 한편으로는 원두를 매장에서 직접 로스팅해서 판매하는 '로스터리 카페 Roastery café'도 증가하는 추세다. 이는 커피를 마시는 사람들의 취향이 다양해지고, 커피 고유의 향과 맛을 즐기려는 사람들이 많아졌기 때문이다. 커피의 맛은 로스팅에 의해 좌우되기 때문에 직접 생두를 볶아 로스팅한 커피와 대량으로 로스팅한 후 여러 단계를 거쳐 유통·판매되

커피를 마시는 주요 시간대

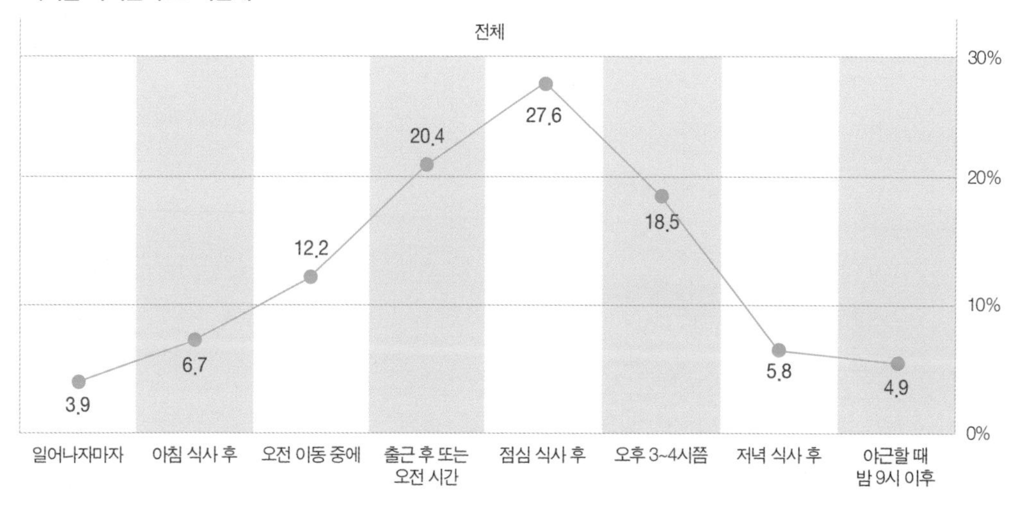

출처 : 농림축산식품부 – 식품산업통계정보 〈커피류 시장 보고서〉 2017년 5월

는 커피는 맛에서 차이가 날 수밖에 없다. 로스터리 카페를 찾는 소비자가 눈에 띄게 증가한다는 것은 향후 커피의 맛을 중요시하는 고급화 시장이 확장될 수 있다는 것을 의미한다.

불과 20~30년 전만 해도 인스턴트커피를 마시는 가정이 많았다. 식사 후에는 크림 분말이 들어간 이른바 믹스커피를 소비하는 가정이 많았고, 캔 커피도 요즘처럼 다양하지는 않았지만, 톱스타 모델을 내세워 TV 광고를 할 만큼 호황기를 보내기도 했다.

농림축산식품부와 한국농수산식품유통공사의 보고서에 따르면 커피류 제품 시장은 2016년에 약 2조 4,041억 원 규모로 2015년 1조 6,074억 원과 비교할 때 약 50% 성장했다. 그중 가장 큰 비율은 커피음료로 1조 2,014억 원의 매출을 기록하여 점유율 50%를 차지했다. 2014년까지만 해도 점유율 1위(45.9%)를 차지하던 믹스커피는 웰빙 붐과 다이어트 열풍 속에 설탕이나 프림 소비를 줄이려는 사회적 움직임이 생겨나면서 37.9%로 하락하고, 점유율도 2위로 떨어졌다.

그렇다면 우리나라 커피 소비자의 특성은 어떤지 구체적으로 살펴보자. 사람들은 주로 언제

1800년대 후반의 영국 스털링 실버웨어. 하단에 홀마크가 있어 제조 연대를 알 수 있다(커피커퍼박물관 소장).

우리나라 소비자들이 하루 중 가장 많이 커피를 마시는 상황은 졸리거나 피곤할 때라는 조사 결과가 있다.

커피를 마실까? 농림축산식품부의 보고서에 의하면, 우리나라 소비자들이 커피를 주로 마시는 시간대는 점심 식사 후(27.6%)가 가장 많았으며, 출근하자마자 또는 오전에 혼자 있는 시간(20.4%)이 그다음으로 높았다. 자주 마시는 장소로는 회사(34.1%), 집(26.0%), 커피 전문점(23.7%) 순으로 조사되었다.

그렇다면 우리나라 소비자들은 어떤 상황에서 커피를 마실까. 커피를 마시는 상황에 대해 소비자에게 질문하고 조사한 자료에 의하면 졸리거나 피곤할 때 마신다는 응답자가 33%로 가장 많았다. 그다음으로는 식후 디저트나 입가심으로 마신다는 응답이 24.8%로 높았다.

이 보고서에는 커피 전문점에서 마시는 커피 중 좋아하는 커피 종류에 대한 통계도 나와 있다.

이 통계는 소비자에게 직접 질문하는 설문 방식의 통계는 아니고, 네이버 데이터랩을 참고한 것이다. 관심이 높은 키워드 검색을 바탕으로 살펴본 바에 의하면 1위가 아메리카노, 2위가 카푸치노, 3위가 캐러멜마키아토, 4위가 카페라테, 5위가 카페모카 순이었다. 가장 관심도가 높은 아메리카노는 나머지 종류를 합친 것보다 월등히 높은 수치를 나타내 우리나라 소비자들이 얼마나 많이 아메리카노를 좋아하는지 알 수 있다(농림축산식품부의 〈커피류 시장 보고서〉 2017년 5월 참조).

커피를 마시는 장소와 즐기는 패턴은 모두 다를지라도 커피를 즐기고 열렬히 소비하는 한국인들의 커피 사랑은 당분간 지속될 것으로 보인다. 커피커퍼를 찾는 방문객들의 마음도 그와 다르지 않을 것이다. 계절이 바뀔 때마다 커피커퍼를 방문해 대관령의 아름다운 경치와 커피를 함께 음미하는 그들에게서 커피에 대한 깊은 애정이 느껴진다.

© Aleksandrs Muiznieks

PART 03

커피 문화

대개 커피 이름 앞에 붙은 명칭은 커피가 생산되는 산지를 가리키거나 커피를 수출하는 항구의 이름이다. 예를 들면 이르가체페 커피는 에티오피아 남부의 이르가체페 지역에서 생산된 커피이고, 산투스 커피는 브라질의 산투스 항구에서 커피를 수출하기 때문에 붙여진 이름이다.

세계의 커피

커피를 생산하는 국가들은 저마다 고유의 커피명을 가지고 있다. 우리에게 익숙한 산투스Santos 커피, 이르가체페Yirgacheffe 커피, 비엔나Vienna커피 등. 그렇다면 이와 같이 커피에 붙는 이름에는 어떤 특징이 있는 걸까?
대개 커피 이름 앞에 붙은 명칭은 커피가 생산되는 산지를 가리키거나 커피를 수출하는 항구의 이름이다. 또는 이름이 붙은 곳에서 처음 특정 커피가 유래되었을 때, 커피 이름 앞에 특정 지명이 붙기도 한다. 예를 들면 이르가체페 커피는 에티오피아 남부의 이르가체페 지역에서 생산된 커피이고, 산투스 커피는 브라질의 산투스 항구에서 커피를 수출하기 때문에 붙여진 이름이다. 특히 산투스 항구는 세계에서 두 번째로 많은 커피를 수출하는 무역항이다. 비엔나 커피는 커피에 휘핑크림을 올린 커피를 의미하는데, 커피에 생크림을 가미한 커피가 처음 오스트리아 비엔나에서 유래해서 붙여진 이름이다.
이 밖에 커피 이름에는 국가 이름을 먼저 붙인 다음에 바로 지명이 붙는 경우도 있다. 예를 들면 자메이카 블루마운틴, 과테말라 안티구아, 하와이 코나 등이 있다. 하와이는 국가명은 아니지만 오랫동안 독립적인 지명으로 사용된 관계로 하와이 코나 지역에서 생산되는 커피를 하와이 코나라고 부른다.
그 외에도 커피를 재배한 농장 이름이나, 가공법 등이 추가로 붙어 있다면 적어도 품질이 보장되는 '좋은 커피'라는 의미로 생각해도 좋다. 따라서 지명과 산지, 항구, 등급 등이 이름에 붙은 커피는 맛과 품질이 보장되었다고 할 수 있다.

© Photomaxx

비엔나커피

보통의 경우 산지만 단순하게 표기된 커피보다 자세한 설명과 함께 등급이 표기된 커피가 더 좋은 커피라고 보면 된다. 하지만 국가별로 커피 등급을 산정하는 기준이 각기 다르고, 무엇보다 커피는 맛으로 평가받는 기호품이어서 절대적 기준을 매기기는 사실상 어렵다.
그렇다면 주요 커피 생산국들은 어떤 커피를 생산하고 특징은 무엇이며, 대표적인 커피로는 무엇이 있는지 좀 더 구체적으로 살펴보자.

브라질 커피

정열적인 삼바와 축구의 나라로 유명한 브라질은 세계 최고의 커피 생산국으로 잘 알려져 있다. 비교적 고도가 낮은 농장에서 대규모로 경작하는 방식으로 커피를 생산한다.
2017년 기준으로 볼 때 여전히 세계 커피 생산량 1위 국가이지만, 1700년대 초반만 해도 브라질은 다른 여러 나라에서 커피 생산으로 수익을 올리는 것을 지켜볼 수밖에 없었다. 브라질에서는 커피 묘목을 구할 수 없었고 싹을 틔운 커피 원두도 구할 수 없었기 때문이다. 브라질에서 커피 재배가 가능하게 된 것은 18세기 초 네덜란드령과 프랑스령으로 나뉘어 있던 기아나의 국경 분쟁을 중재해 달라는 요청을 받으면서였다. 브라질은 이전부터 남아메리카 대륙에서 가장 큰 국토를 가지고 있었는데, 기아나는 브라질과 국경을 마주하던 여러 나라 중 한 나라였다.
당시 프랑스와 네덜란드는 식민지 기아나를 분할통치하면서 커피를 생산해 많은 수익을 올리고 있었다. 그러다 국경을 중심으로 경쟁이 치열해지면서 분쟁이 발생하고 말았다. 그때 브라질에서 파견된 군인이 분쟁을 중재하기 위해 나서게 된다.
프랑스와 네덜란드의 분쟁을 중재하기 위해 브라질에서 파견된 군인은 프란시스쿠 데 멜루 팔레타Francisco de Melo Palheta 대위. 하지만 실상 이 군인의 임무는 국경 분쟁 중재가 아니라 커피 묘목을 브라질로 가지고 오는 것이었다고 한다. 외모가 출중하고 매너도 좋았던 멜루 팔레타 대위는 프랑스 총독 부인의 마음을 빼앗고, 부인의 도움을 받아 꽃다발 속에 커피 묘목을 숨겨

브라질 상파울루의 대규모 커피 농장 전경. 브라질에서는 넓은 국토에 비교적 고도가 낮은 지역에서 대규모로 커피를 경작한다.

브라질로 가지고 왔다고 한다. 고려 말에 문익점이 목화씨를 원나라에서 몰래 들여오는 모습을 연상하게 하는 대목이다. 그때 총독 부인에게 넘겨받은 몇 그루의 커피 묘목이 자라 오늘날, 커피 생산 1위 국가 브라질을 만든 것라고 하니 놀라운 일이다.

브라질은 광활한 국토 면적을 자랑하지만 커피나무를 재배하기에는 적합하지 않은 해발 250미터 정도의 저지대가 국토의 절반가량을 차지한다. 브라질에서 커피가 생산되는 주요 지역은 상파울루San Paulo나 바니아Bania와 같이 대서양과 인접한 연안 지역이다. 브라질에서 커피를 생산할 수 있는 지역만 구분해 보면 전체 국토 면적의 10% 미만으로 의외로 적은 편이다. 워낙 브라질의 국토가 넓다 보니 비록 10% 미만의 지역에서 커피가 재배되고 있지만, 세계 최대량의 커피를 수확하고 있는 것이다. 고도는 비교적 낮지만 흐린 날씨가 반복되는 기후와 커피나

수확한 커피 체리를 체에 거르는 브라질 농부

무가 자라기에 적당한 습기, 값싼 노동력이 더해져 브라질은 20세기 이후 전 세계 커피 생산의 25~40%를 생산할 수 있는 국가가 되었다.

카페지뉴

브라질은 세계적으로 많은 커피를 생산하지만 소비 또한 상위를 차지한다. 브라질에는 전통적으로 누군가를 환영할 때 커피를 대접하는 문화가 있는데, 반가운 사람을 만나거나 손님을 환대할 때 '카페지뉴Cafezinho'라는 커피를 내놓는다고 한다. 카페지뉴는 끓는 물에 설탕을 넣고 끓이다가 커피를 넣고 저은 뒤, 이를 여과 천에 걸러 데미타세Demitasse 잔(작은 커피 잔)에 따라 마시는 전통적인 커피를 말한다. 만약 브라질 여행 중 데미타세 잔에 담긴 카페지뉴를 대접받았다면 무척 환대받은 것으로 생각해도 좋다.

브라질에서 생산되는 커피는 광활한 저지대에서 대량으로 생산되는 커피와 고지대에서 생산되는 커피의 향과 맛, 품질이 각각 다르다. 두 지역 모두 대부분 아라비카 품종을 생산하는데, 커피나무가 자라난 환경의 차이 때문에 크기와 모양, 맛도 커다란 차이를 보인다.

브라질 커피는 전 세계 많은 커피 전문점에서 다른 국가, 다른 지역에서 생산된 커피와 함께 섞는 이른바 블렌딩용으로 많이 사용되는데, 이는 맛이 강하지 않고 묵직한 편이라 다른 종의 커피와 섞어도 특별히 도드라지지 않고 조화로운 맛을 유지하기 때문이다. 또한 대량생산되기 때문에 가격 면에서 비교적 저렴하다는 장점이 있다.

브라질에서 생산되는 커피는 보통 8단계로 품질을 평가하는데 대량으로 생산되기 때문에 하품도 많지만 산투스 커피와 같은 최상급의 커피도 있다. 대표적인 최상급 커피로는 버번 산투스Bourbon Santos가 있다.

그렇다면 소비자들은 어떤 커피를 더 선호할까? 일반적으로 브라질 커피를 능가할 만한 커피를 꼽으라면 단연 콜롬비아 커피다.

콜롬비아의 커피 농장들은 안데스산맥 골짜기 경사가 심한 험준한 산악지대에 소규모 형태로 분포되어 있다.

콜롬비아 커피

브라질에 이어 커피 생산량 세계 2위를 지켜 오다가 최근 베트남에 밀려 잠시 3위가 되었지만, 콜롬비아는 오랫동안 세계 최대의 커피를 생산해 온 국가다. 생산량뿐만 아니라 품질 면에서도 세계 최고의 평가를 받는 콜롬비아 커피는 특히 '마일드 커피Mild Coffee'가 유명하다.
향미가 뛰어나고, 맛이 부드럽다고 하여 '마일드 커피'로 불리는 콜롬비아 커피는 기호성이 좋아 세계적으로 인기가 높은데, 특히 연한 커피를 선호하는 북미 지역에서 크게 사랑받는다.

2011년 유네스코 세계유산위원회는 콜롬비아 서쪽 지역에 해당하는 안데스산맥 서부 일대와 중부의 18개 도시를 포함하는 커피 재배지를 '콜롬비아 커피 문화경관Coffee Cultural Landscape of

© Alf Ribeiro

콜롬비아는 커피에 세금을 추징하지 않는다. 세금은 오로지 수출품에만 한정되어 부과하고 커피 농가들은 '콜롬비아커피생산자연합회'에 재정을 보조한다.

Colombia'이라는 이름으로 세계문화유산에 등재했다. 콜롬비아 커피 재배 100년의 독창적인 전통이 고스란히 담겨 있는 이곳이 세계문화유산으로 지정된 것은 단순히 커피 생산지의 의미를 넘어 문화적 상징성을 인정받았기 때문이라고 할 수 있다. 콜롬비아 커피 문화경관은 험준하고 가파른 안데스 산악지대에 수많은 소규모의 커피 농장이 모여 있고, 100년 동안 공동체 생활 방식을 통해 잘 유지되고 있어 전통 방식의 커피 생산과정이나 재배 방법, 커피 농가의 건축양식, 사회구조 등을 살펴볼 수 있는 귀중한 유산으로 평가받는다 .

콜롬비아는 1800년대부터 프랑스 선교사들의 영향으로 커피를 경작했다고 전해진다. 그로부터 약 100년이 지난 1900년대에 들어서는 세계 2위의 커피 생산국으로 발돋움했는데, 이렇게 생산량이 급격히 늘어나게 된 것은 커피 산업에 외국자본을 많이 받아들이면서 가능했다고 한다. 안데스산맥의 화산재 토양이 바탕이 된 비옥한 토양과 온난한 기후 등이 한데 어우러져 이상적인 환경에서 커피를 재배할 수 있었던 것으로 보인다.

커피를 재배하는 농부들을 '카페테로Cafetero'라는 명칭으로 따로 부를 만큼, 콜롬비아의 커피 생산에 대한 열의와 문화적 여건은 세계 최고 수준이라고 할 수 있다. 브라질과 비슷하게 많은 양의 커피를 생산하면서도 품질 면에서는 상대적으로 높은 평가를 받는 것이 브라질 커피와의 차이점이라면 차이점이다. 이는 콜롬비아 사람들이 커피를 다량으로 생산하는 경작물로만 취급하지 않고 문화 자체로 여기기 때문이다. 또 생산과 수출 등 다양한 측면에서 커피를 탐구하고 발전시켜려 한 태도가 좋은 품질의 커피를 만들어 낼 수 있게 했다.

당나귀와 함께 콧수염에 모자를 쓴 모습의 후안 발데스 캐릭터는 콜롬비아 커피를 상징하는 이미지로 유명하다.

자국의 커피를 홍보함에 있어서도 콜롬비아는 다른 커피 생산국들에 비해 많이 앞서고 있다. 콜롬비아에는 자국에서 생산한 커피만을 홍보하는 '콜롬비아커피생산자연합회'가 있다. 1927년 설립하여 전 세계에 콜롬비아 커피의 우수성을 홍보하고 56만 명에 이르는 커피 생산자의 권익 보호를 위해 꾸준히 활동하는 단체다.

1960년대에는 홍보 대상을 전 세계인으로 넓혀 '후안 발데스Juan Valdez 아저씨'라는 캐릭터를 알리는 데 성공했다. 콜롬비아인을 떠올릴 때 쉽게 연상할 수 있는 콧수염을 기른 중년 남성이 당나귀를 끌고 커피를 운송하는 모습을 형상화한 '후안 발데스'는 지금까지도 콜롬비아 커피를 구매할 때 볼 수 있는 최고의 홍보 이미지다.

안데스산맥은 경사가 심한 좁은 비탈길이 많고 오래전부터 차가 다니기 불편한 지형이어서, 재배한 커비를 수송하는 데 당나귀만큼 적합한 수단이 없었다고 한다. 이에 망토를 걸치고 콧수염이 난 농부가 수확한 커피를 당나귀 등에 싣고 이동하는 모습을 '후안 발데스 아저씨'로 상징화했고, 지금까지도 콜롬비아 커피를 상징하는 이미지로 사랑받게 된 것이다.

후안 발데스 캐릭터가 새겨진 콜롬비아 원두 포대

그런데 사실 '후안 발데스'라는 캐릭터는 미국 시장을 노린 '콜롬비아커피생산자연합회'가 미국 광고 회사에 의뢰해 탄생한 것이라고 한다. '후안 발데스' 역할을 한 광고 모델도 1960년 처음 광고가 제작될 당시에는 콜롬비아인이 아닌 쿠바 사람이 맡았다는 뒷얘기도 있다. 광고의 성공 덕분에 후안 발데스의 이미지가 사랑받자 카를로스 산체스Carlos Sánchez라는 콜롬비아 배우는 무려 40여 년 동안 '후안 발데스'의 모델을 해오다 2018년 82세로 타계했다.
이와 같은 적극적인 홍보 활동 덕분인지 콜롬비아 커피는 브라질 커피와 마찬가지로 블렌딩 커피로서는 물론, 다양한 커피 가공품에 사용되며 명실상부 최고의 커피로 사랑받고 있다.

멕시코 커피

커피를 좋아하는 사람들 중에는 와인을 좋아하는 사람이 적지 않다. 이것은 커피가 주는 풍미가 와인과 유사하다고 느끼는 사람이 많기 때문이다. 품질 좋은 멕시코 커피의 풍미는 고급 화이트와인과 유사하다고 알려져 있다. 멕시코 커피가 고급 와인과 비교된다는 것은 멕시코 커피가 그만큼 뛰어난 향미를 지녔다는 것을 상징한다고 할 수 있다.
미국 서부영화에 자주 등장하는 멕시코의 이미지를 떠올리면, 챙이 넓은 삼각꼴 모자를 쓰고 판초를 어깨에 두른 사람이 나귀를 타고 작열하는 사막을 지나는 모습을 떠올릴 테지만, 멕시코 특유의 자연환경은 의외로 커피를 생산하는 데 최상의 조건을 갖추고 있다. 멕시코는 커피나무가 자라기에 적합한 고원지대가 국토의 30% 정도 되기 때문에 품질 좋은 커피가 생산되는데, 특히 유기농 커피는 세계 1위의 수출량을 자랑한다.
커피가 생산되는 지역으로는 과테말라와 국경을 접하고 있는 치아파스Chiapas와 남서부의 오악사카Oaxaca, 동부 대서양 연안의 베라크루스Veracruz 이렇게 세 지역이 유명하다.
멕시코는 사실 콜롬비아 커피와 같이 마일드 커피를 생산하는 산지로 유명했으나, 그 질은 콜롬비아와 비교할 수 없을 만큼 떨어졌다고 한다. 멕시코에도 콜롬비아처럼 커피 연합회가 존재했는데, 그들이 커피를 헐값에 수출하는 데 몰두한 나머지 정작 품질관리에는 신경 쓰지 못

© Joseph Sorrentino

멕시코 치아파스 베니토 후아레스에 사는 마을 주민이 햇볕에 말린 생두를 집앞 잔디밭에 앉아 골라내고 있다.

했다고 한다. 커피는 다른 식품처럼 꼭 구매해야 하는 품목이 아니기 때문에 품질이 나쁜 커피를 굳이 선택하는 소비자는 적을 수밖에 없고, 결과적으로 질이 나쁜 커피는 판매에 어려움을 겪을 수밖에 없다. 그런 면에서 커피의 품질관리는 곧 판매관리와도 같다고 볼 수 있다.

멕시코 커피의 품질에 대한 불신이 이어지자, 몇몇 생산업자들이 커피의 품질을 개선할 필요성을 느끼고, 품질 향상에 주력하게 된다. 여러 농장 주인이 나서서 시작한 품질개선 때문에 농장 단위로만 커피 거래가 이어지게 되었는데, 이때 커피 수출이 활기를 띠기 시작하며 '코끼리 생두Elephant bean'라 불리는 '마라고지페'를 새롭게 상품화하기 시작한다. '마라고지페'는 일종의 아라비카의 품종의 변종으로 열매가 유난히 커서 '코끼리 생두'라 불렸는데 수확량은 매우 적고, 다른 원두와 섞이면 유난히 도드라져 보여 불량품으로 취급받았다고 한다. 그런데 마

멕시코 사람들은 식사 후에 커피를 마시며 여유롭게 이야기 나누는 것을 좋아한다.

라고지페만 모아 따로 수확하면 아주 고가의 상품으로 인정받을 만큼 특별한 맛을 지니고 있어 이를 상품화한 것이다. 마라고지페는 사실 브라질이 원산지이지만 해발고도가 높은 멕시코 고원지대에서 자란 마라고지페는 아주 부드럽고 감미로운 맛이 느껴진다고 한다. 버려지거나 하품으로 취급받던 것이 최고의 상품이 되고 멕시코의 커피 특산물이 된 것이다. 특히 해발 1,700m 이상에서 자란 커피에는 '알투라Altura'라는 특별한 명칭을 붙여 따로 관리하는 등 멕시코는 고품질 커피 생산에 힘을 쏟고 있다.

멕시코 사람들은 식사 후에 여러 명이 모여 앉아 느긋하게 커피 마시는 것을 좋아하는데, 이를 '소브레메사Sobremesa'라고 부른다고 한다. '테이블 위에'라는 뜻을 가진 '소브레메사'는 낙천적이면서 여유로움을 즐기는 멕시코인들의 특성을 잘 보여 주는 커피 문화다. 멕시코를 방문하면 한가롭게 커피를 마시며 이야기 나누는 사람들을 쉽게 목격할 수 있다.

아름다운 꽃 문양이 새겨져 있는 19세기 영국 도자기 커피 잔 세트와 도자기 트레이(커피커퍼박물관 소장)

커다란 나무 사이로 키가 작은 커피나무를 재배하는 '그늘 경작법'으로 운영되는 과테말라 안티구아의 커피 농장

과테말라 커피

과테말라에는 지리적으로 고도가 높은 고산지대가 널리 분포되어 있는데, 멕시코와 국경을 맞대고 있는 접경 지역은 해발고도가 3,500미터에 이르고 인근 온두라스와의 접경 지역은 2,000미터 정도다.

과테말라 커피는 재배되는 지역의 해발고도에 따라 등급을 구분하고, 최고 등급인 SHBStrictly Hard Bean에 해당되는 고급 커피는 주로 해발고도 1,400~1,700미터에서 재배된다.

과테말라의 커피나무는 90% 이상이 '그늘 경작법Shade Grown'으로 재배되는데, 그늘 경작법은 키가 큰 나무 사이에 커피나무를 심어 그늘이 지게 하는 경작법을 말한다. 그늘 경작법으로 커

© De Jongh Photography

© Lucy Brown

1 과테말라의 무지갯빛 화려한 전통 색상으로 포장된 커피 상품들 **2** 2018년 폭발한 과테말라 푸에고 화산

피나무를 재배하는 것은 커피나무가 그만큼 직접 내리쬐는 햇볕을 좋아하지 않기 때문이다. 또 그늘 경작법은 햇빛의 세기를 완화하고 햇볕에 직접 노출되는 것을 막아 커피나무의 대기 호흡과 광합성작용을 조절하는 장점이 있다. 강렬한 햇볕을 피하게 해 주는 이러한 그늘 경작법은 커피나무의 잎과 뿌리의 손상을 방지해 주는데, 그늘에서 자란 커피는 신맛과 단맛이 향상되는 것으로 알려져 있다.

2018년 6월에 푸에고 화산이 폭발해 많은 희생자가 발생할 정도로 과테말라에는 여전히 불을 뿜어 대는 활화산이 곳곳에 산재해 있다.

과테말라 커피는 마치 원두를 불에 태운 것 같은 짙고 풍부한 향미가 특색이다. 이 때문에 과테말라는 스모크 커피가 유명한데 '안티구아' 커피가 대표적이다.

그렇다면 과테말라 커피의 스모크한 향미는 어디서 비롯되는 것일까? 최근까지 많은 사람이 그 이유를 화산이 폭발하면서 쌓인 화산토의 영향을 받은 것으로 믿었다. 화산토에는 질소가

From Guatemala
SINCE 1875

다량 포함되어 있어 질소를 흡수한 커피나무의 열매는 타는 듯한 연기 향을 가지게 된다고 믿었다. 하지만 비슷한 화산토 토양에서 재배되는 하와이 커피나 중남미의 콜롬비아, 엘살바도르, 코스타리카, 아프리카의 르완다 등의 커피는 스모크한 향미가 나지 않는다. 이런 이유로 과테말라 커피가 스모크한 이유를 재배되는 산지의 특성에서 찾지 않고 생두를 로스팅하는 과정에 그 원인이 있다고 보는 커피 전문가들이 있다. 과테말라에서 생산되는 생두는 다른 지역의 생두보다 단단하고 유난히 밀도가 높아 로스팅 과정에서 열을 가하는 시간이 길고, 따라서 자연히 진하게 로스팅을 하게 된다. 이 과정에서 열을 많이 가한 생두는 타는 듯한 향미를 갖는 스모크 커피가 된다고 보는 것이다.

스모크 커피는 연기를 머금은 듯한 스모크한 향 외에도 특유의 씁쓸하고 텁텁한 맛 때문에 커피를 좋아하는 이들에게 많은 사랑을 받고 있다. 흔히 커피를 마실 때 '헤비heavy하다'고 표현하는 묵직한 향미 또한 진한 로스팅 과정에서 생겨나는 특징이라고 할 수 있다.

과테말라는 많은 양의 커피를 생산해 내지는 못하지만, 고품질의 원두로 명성을 쌓아 가고 있다. 19세기에 이르러서야 본격적으로 커피를 생산했을 만큼 커피와 관련된 역사는 짧지만, 점차 점유력을 늘려 가고 있다.

과테말라 인구의 25%가 커피 산업에 종사할 만큼 과테말라의 커피 산업은 국가적 산업이나 다름없기 때문에 철저한 품종관리에서 유통관리까지 정책적으로 세심하게 신경 쓰고 있다. 과테말라 정부가 자유로운 시장경제에 관여하지 않는 편이지만, 자국산 커피를 수출할 때는 반드시 '과테말라국립커피협회Anacafé'를 거치도록 규정하고 있어서 나라 밖으로 수출되는 품종의 경우 관리가 매우 엄격한 편이다. 과테말라국립커피협회는 1960년에 설립되었는데 농가에서 커피를 수출하기 위해서는 협회의 수출 허가증이 필수 항목이다. 또 수출품에는 품질 증명서를 발급해 주기도 한다. 이러한 엄격한 품질관리 덕분에 소비자들은 질 좋은 과테말라 커피를 접할 수 있다.

© Photoromeo

자메이카 블루마운틴 지역은 카리브해 특유의 서늘한 바람과 습기를 품은 안개, 배수가 좋은 토양 때문에 커피 재배에 적합하다.

자메이카 커피

다양한 커피류를 판매하는 대형 마트나 세계 각국의 커피를 판매하는 커피 전문점에서 우리는 '블루마운틴'이라고 쓰인 브랜드명이나 커피를 쉽게 볼 수 있다. '커피의 황제', 또는 '세계 최고급 커피'로 평가받는 '자메이카 블루마운틴Jamaica Blue Mountain'은 자메이카 블루마운틴 고산지대에서 생산하는 커피를 가리킨다. '블루마운틴'이라는 이름은 자메이카 북쪽에서부터 동쪽 카리브해 연안까지 길게 뻗어 있는 산맥의 이름이 '블루'이기 때문에 자연스럽게 붙여진 이름이다.

오늘날 자메이카 블루마운틴은 최고급 커피의 대명사라고 여길 만큼 아주 큰 사랑을 받는 커피가 되었지만 과거를 돌아보면 힘든 시기가 있었다.

1728년부터 커피를 재배한 것으로 알려진 자메이카에서는 쓴맛은 별로 없으면서도 아주 우아한 향기와 환상적인 맛을 지닌 커피를 생산하고 있었다. 이렇게 양질의 커피를 생산할 수 있었던 것은 자메이카가 커피 재배에 적합한 천혜의 환경을 가졌기 때문이다. 커피가 재배되는 자메이카의 고산지대는 서늘한 기후에, 습기를 제공하는 안개와 비가 잦은 데다 배수가 잘되는 토양이라 커피 열매가 천천히 익을 수 있었다.

자메이카 블루마운틴이 세상에 널리 알려지면서 뛰어난 맛에 매료된 사람들에 의해 커피는 날개 돋친 듯 팔려 나갔다고 한다. 판매가 잘되다 보니 자연히 생산량에 치중하게 되었고, 1800년 이후에는 유럽 전역에 수출할 만큼 많은 생산량을 올리기도 했다고 한다. 그런데 품질보다는 생산량에 집중하다 보니 커피의 질이 점차 떨어지게 되었다. 자메이카는 어느 순간 이를 회복하려고 많은 노력을 기울였지만 자금이 부족한 상황에 처하게 되었다.

자메이카 블루마운틴은 향미도 뛰어나지만 희소성 때문에 고가의 고급 커피로 판매된다.

특히 1929년 세계 대공황을 겪으면서부터 30년간 자메이카 커피 산업은 끝없이 추락했다. 이에 엎친 데 덮친 격으로 자메이카 전역을 휩쓴 병충해가 몇 년간 지속되면서 커피 농가 대부분이 회복할 수 없을 정도로 커다란 피해를 입게 되었다.

그때 자메이카를 위기 상황에서 구한 나라가 바로 일본이다. 자메이카는 일본과 1964년에 수교를 맺었다. 1964년 도쿄 올림픽 개최를 계기로 일본이 세계 많은 국가와 수교를 맺던 때였다. 그 후 1969년 자메이카 정부는 일본으로부터 외환 자금을 지원받았고, 이 자금은 바닥에 주저앉아 있던 자메이카 커피 산업을 다시 일으켜 세우는 데 쓰이게 된다. 이 일을 계기로 심기일전한 자메이카 커피 산업은 재기를 노리며 양보다 질에 신경 쓰게 된다.

자메이카에 외환을 지원한 일본은 그 대가로 블루마운틴의 생산량 90%를 본국으로 가져가고 나머지 10%만 유통할 수 있게 했다. 그런데 일본이 자메이카로부터 블루마운틴 생산량의 대부분을 가져가게 된 이유를 설명하는 여러 가지 설이 있다.

하나는 1960년대 이미 선진국 문턱에 진입한 일본이 자국의 커피 문화가 발달하면서 고급 커피에 대한 수요가 크게 늘어났기 때문에 자메이카로부터 커피를 대량 수입했다는 설이고, 또 하나는 막대한 외환을 빌려 준 일본 정부가 산업 발전이 더딘 자메이카로부터 자금 회수를 염려한 나머지, 빌려 준 자금의 일부를 당장 농산물로 회수하는 차원에서 자메이카 커피를 들여오게 되었다는 것이다. 어찌 되었거나 자메이카 블루마운틴은 일본인들에게 엄청난 인기를 끌며 사랑을 받게 되었고 그러자 일본은 계속해서 블루마운틴을 독점하다시피 수입할 수밖에 없었다는 설이다.

아무튼 일본의 자금 덕분에 블루마운틴의 품질이 다시 좋아지면서 예전 커피의 향미를 되찾았으나 대부분의 생산량을 일본에 넘겨야 하는 자메이카 처지에서는 세계시장에 내놓고 판매할 커피량이 적을 수밖에 없었다. 이렇게 희소성이 생기면서 블루마운틴은 고가의 커피가 되었고, 구하기 힘든 귀한 커피 대접을 받게 되었다.

그러나 다른 한편에서는 가짜 블루마운틴이 판치는 부작용이 생겨나기도 했다. 대형 할인 마트에서 판매되는 커피 제품에는 블루마운틴 커피가 들어 있지 않거나 극히 소량이 첨가되었는

© Lano Lan

자메이카 블루마운틴은 원두를 포대에 담지 않고 위스키나 와인처럼 오크 통에 담아 고급화 이미지를 부각시켰다.

데도 '블루마운틴 커피'라는 명칭을 버젓이 사용하고 있고, 일부 커피 전문점에서 판매되는 블루마운틴 또한 진짜 블루마운틴이 아니거나 아주 극소량의 블루마운틴에 다른 커피를 섞은 블렌딩 커피가 대부분이다. 가격이 비싸고 물량이 극히 적다 보니 생겨난 일이다.

자메이카 블루마운틴 생산자들은 품질관리에 힘쓰는 한편 커피를 포대에 담지 않고 위스키처럼 참나무 통에 넣어 포장하는 고급화 전략을 시도했는데, 이 블루마운틴 오크 통은 우리나라 카페나 레스토랑의 인테리어 소품으로 많이 활용되기도 한다. 그런데 이렇게 차별화 전략을 시도하게 된 데에는 블루마운틴 커피를 띄우려는 교묘한 일본인들의 상술이 숨어 있다는 이야기가 있다. 자메이카에서 생산되는 블루마운틴의 대부분을 가져가는 일본의 입장에서 보면 블루마운틴이 희소성을 인정받아 고급 커피로 취급되는 것을 마다할 이유가 없다는 것이다.

블루마운틴 커피는 균형 잡힌 맛이 특징으로, 신맛과 쓴맛, 단맛과 묵직한 맛이 골고루 느껴진다. 하지만 블루마운틴의 희소성과 명성에도 불구하고 일부 커피 전문가들은 고유의 특징이 없다며 인색한 평가를 내리기도 한다.

ⓒDan Thoner

 하와이 커피

하와이는 1959년에 미국의 50번째 주로 편입되었는데 지리적으로 보면 50개 주 가운데 가장 남쪽에 위치한다. 미국 본토에서는 커피를 재배하지 않기 때문에 미국에서 유일하게 커피가 생산되는 곳이 바로 하와이다. 하와이는 니하우, 카우아이, 오아후, 하와이 등 8개의 큰 섬과 그 밖에 120여 개의 작은 섬들로 이루어져 있다. 가장 큰 섬은 하와이섬이고 가장 많은 사람이 모여 사는 곳은 오아후섬이다.

하와이에서 커피가 처음으로 재배된 것은 1800년대 초반이지만 초기에는 경작에 모두 실패했고, 1828년에 미국인 선교사 새뮤얼 러글스Samuel Ruggles가 들여온 묘목이 자라면서 코나Kona 커피의 역사가 시작되었다. 새뮤얼 러글스에 의해 유입된 커피 묘목은 버번종에 속하는 '카나카 코피Kanaka Kopi'라는 묘목이었는데 하와이섬에서 맨

© Wikimedia

미국인 선교사 새뮤얼 러글스(1795~1871). 러글스는 1828년 하와이 코나에 커피 묘목을 들여와 하와이 코나 커피가 탄생하는 시초를 마련했다.

먼저 재배되었다. 그런데 오늘날 우리가 '하와이 코나'라고 부르는 커피는 1892년에 과테말라에서 티피카 품종을 들여와서 코나 지역에서 자리를 잡은 것이다. 과테말라에서 들여온 커피라고 해서 처음에는 '과테말란 커피'라고 불리다가 1990년경에 이르러 '코나 티피카 커피Kona Typica coffee'로 명칭이 변경되었다.

코나 커피가 재배되는 지역을 특별히 '코나 벨트Kona Belt'라고 하는데, 빅 아일랜드 하와이섬의 서부 해안가 초원 지대와 마우나로아Mauna Loa 화산 지역 사이의 중간 지대가 여기에 해당된다. 폭 3km, 길이 40km에 이르는 이 지역은 강수량이 풍부하고 비옥한 화산재 토양, 구름이 만드는 자연 그늘 등 커피 재배에 그야말로 이상적인 조건을 갖추고 있다.
코나 지역은 주기적으로 불어오는 토네이도에도 불구하고 주변의 높은 산이 가로막아 주기 때문에 피해가 적다는 것 또한 커피 재배에 축복과 같은 조건이다.
풍부한 유기질을 품고 있는 화산토, 사계절 내내 충분한 일조량, 적당하게 내리는 비와 안개 등은 코나 지역만의 기후적 특징이라 할 수 있는데, 여기에 천혜의 '자연 그늘'까지 제공한다. '프리 셰이드Free Shade'라고 부르는 자연 그늘은 햇볕이 강한 오후 두 시부터 구름이 생성되어 커피나무에 그늘을 제공하는 자연현상을 말한다. 이런 현상은 바다에서 불어오는 바람과 습기를 머금은 안개와 구름이 코나 지역의 높은 지형에 오래 머물기 때문에 생겨나는 현상이다.

하와이에는 소규모 단위의 커피 농장이 많은데 그중에도 일본인 소유

빅 아일랜드 코나 지역에서 재배되는 커피나무. 코나 지역은 구름과 안개가 자연 그늘이 되어 주는 천혜의 조건을 갖추었다.

의 커피 농장이 많다고 한다. 이렇게 일본인 소유의 커피 농장이 하와이에 많은 것은 일본의 이민 역사와 깊은 관계가 있다. 1868년 153여 명을 시작으로 1894년까지 약 2만 9,000명의 일본인이 하와이로 대거 이민을 오게 된다(한국민족연구원, 〈일본의 시기별 이민 현황〉 참조). 당시에는 사탕수수 농장에서 일하는 노동자가 대부분이었지만, 그 후 사탕수수 농업이 쇠퇴하면서 일본인 이민자들은 대규모 커피 농장으로 일자리를 옮기게 된다. 그러다 1899년에 커피값이 대폭락을 하면서 규모가 큰 농장들은 파산하고, 소규모 농장들로 쪼개지게 된다. 이때 일본 이민자들이 헐값에 나온 소규모 농장들을 대거 구입하면서 농장주가 된 것이다.

하와이 코나 커피는 코나 지역에서 생산된 원두의 함유량에 따라 가격이 다른데, 10%에서 100%까지 다양하고 함유량이 높을수록 가격이 올라간다. 코나 원두가 10% 미만 함유되어 있는 상품에는 '코나'라는 이름을 붙일 수 없도록 법으로 엄격하게 규제하고 있다.

하와이 코나 커피는 5등급으로 분류되는데 결점두가 가장 적은 최고급 커피는 '코나 엑스트라 팬시Kona Extra Fancy'라고 부른다. 코나 엑스트라 팬시는 깊고 풍부한 아로마 향이 특징인데 부드러운 보디감과 함께 과일 향의 풍미를 느낄 수 있다.

코나 지역 외에도 하와이의 여러 섬에서 다양한 커피를 생산하는데 주로 재배되는 품종은 아라비카 중 티피카종이고 습식법wet method을 이용하여 가공한다. 가장 유명한 코나 커피의 생산량은 연간 500톤 정도로 극히 적은 편이다.

마크 트웨인(1835~1910)은 코나 커피를 맛보고는 매료되어 찬사를 아끼지 않았다. 덕분에 코나 커피는 유명한 커피가 되었다.

《허클베리 핀의 모험》과 《톰 소여의 모험》 등으로 유명한 미국의 소설가 마크 트웨인Mark Twain은 하와이 코나 커피를 이렇게 칭송했다고 한다.

"코나 커피는 향미가 다른 어떤 곳에서 재배되는 커피보다도 풍부하며 최고의 커피가 재배되어야 할 바로 그곳에서 재배되고 있으며, 당신의 찬사를 받을 충분한 자격을 지니고 있다."

당대 최고의 소설가이면서 사회 비평가이기도 했던 마크 트웨인이 1866년 하와이에 들렀다가 코나 커피를 맛보고는 이런 찬사를 남긴 것인데, 저명 인사인 마크 트웨인의 이 말 한마디는 코나 커피가 고급 커피로 유명해지는 계기가 되었다.

15~16세기 아프리카와 중동 지역에서 사용되던 청동제 커피 메이커(커피커퍼박물관 소장)

고급 커피 산지로 유명한 예멘 하라즈 지역의 계단식 밭 풍경. 예멘 커피는 해발고도가 높은 산악지대에서 주로 재배된다.

예멘 커피

앞에서도 잠시 살펴보았지만 '예멘' 하면 '모카커피'를 쉽게 떠올릴 만큼 예멘은 커피가 유명한 나라다. 또 어느 나라보다 커피의 역사가 오래되었고 전통이 깊은 곳이다.

예멘은 홍해와 인도양이 만나는 아라비아반도 서남부에 위치하는데, 국경을 맞대고 있는 사우디아라비아나 오만의 국토 대부분이 사막 지형인 데 비해 예멘은 비교적 고도가 높은 산악지대가 많다. 해발고도가 높은 하라즈Haraz, 마타리Mattari, 하이미Haimi 등이 커피를 재배하는 주요 산지인데, 인도양 몬순의 영향으로 쾌적한 기후라 커피 재배가 가능하다.

예멘의 커피는 아프리카 에티오피아로부터 유입되었을 가능성이 높은데, 두 나라가 지리적으로 인접한 데다가 예멘은 한때 에티오피아의 식민 통치를 받은 역사가 있다. 하지만 예멘인들은 오늘날 세계적으로 각광받는 아라비카 커피의 원산지가 예멘이라는 것에 강한 자부심을 가지고 있다. 전 세계에 가장 많이 보급되어 재배되는 것이 아라비카 품종이기 때문이다. 하지만 아라비카의 원산지가 에티오피아라는 설도 있어 확실한 근거는 없다.

예멘의 '모카'는 오랫동안 커피를 수출하던 항구였지만 오늘날 세계적으로 명성이 높은 '모카 커피'의 대명사로 인식되다 보니 예멘의 모든 커피에는 '모카'라는 이름이 따라 붙는다. 예를 들면 바니마타리Bani Mattari 지역에서 생산된 커피도 '예멘 모카 마타리'라고 칭하고, 사나니Sanani 지역에서 생산된 커피에도 '예멘 모카 사나니'라는 명칭이 붙여진다.

예멘 커피는 깊고 풍부한 향과 함께 초콜릿 맛이 느껴지는 특징이 있는데, 재배되는 지역에 따

ⓒ Dimitry Chulov

예멘 남부 타이즈(Taizz) 고원 지대에 있는 커피 농장에서 커피 열매를 채취하는 농부

예멘의 모카 커피는 초콜릿 맛이 느껴지는 향미를 가지고 있어 오랫동안 전 세계인에게 고급 커피로 사랑을 받았다.

라 과일 향이나 흙냄새가 나기도 한다. 산악 지형에서 생산되는 특성 때문에 예멘 커피는 생두의 크기가 비교적 일정하지 않지만 뛰어난 향미 때문에 고급 커피로 인정받는다.

초콜릿 향이 나는 모카커피가 고급 커피로 인기가 높다 보니 몇몇 상인들은 커피에 초콜릿을 첨가해 인위적으로 초콜릿 향이 진하게 느껴지도록 했다는 이야기도 있다. 그 이후로 자연스럽게 초콜릿을 첨가한 커피를 '모카'라고 부르게 되었다는 설인데 명확한 역사적 기록은 없다. 하지만 오늘날 '모카빵', '카페모카', '모카치노' 등의 명칭은 모카커피가 초콜릿 향을 지니기 때문에 붙여진 이름이다.

모카빵에는 초콜릿 향을 위해 모카커피를 직접 사용하고, 카페모카는 에스프레소에 우유와 초콜릿을 첨가하는데, 모카커피는 들어 있지 않지만 초콜릿을 상징하는 '모카'라는 명칭은 그대로 사용하고 있다. 모카치노 또한 에스프레소에 초콜릿 소스를 넣고 우유와 거품을 올리는데 카페모카와 마찬가지로 모카커피는 들어가지 않지만 '모카'라는 명칭이 쓰인다.

예멘에서 생산되는 커피 중 최고 등급의 커피는 '모카 마타리'로 묵직한 보디감과 함께 진한 초콜릿 향을 즐길 수 있는 커피다. 이 글 뒤쪽에 '커피를 사랑한 예술가'에서 다루겠지만 모카 마타리는 화가 고흐가 사랑한 커피로도 유명하다.

다른 나라의 고급 커피와는 달리 모양도 들쑥날쑥하고, 크기도 제각각이지만 초콜릿 향과 적당한 산도로 높은 평가를 받는 것이 예멘 커피다.

 탄자니아 커피

탄자니아 커피는 '킬리만자로Kilimanjaro'라고 불리는 스페셜티 커피로 유명하다.

탄자니아에서 커피 재배를 시작한 시기는 서구 열강의 식민지배를 받던 1890년대 초반인 것으로 전해진다. 독일이 먼저 1890년부터 1916년까지 26년간 탄자니아를 지배했고, 제1차 세계대전에서 패하고 난 후에는 영국이 뒤를 이어 탄자니아를 통치했다. 국경을 맞대고 있는 케냐도 이 시기에 비슷하게 커피 재배를 시작한 것으로 보인다.

탄자니아에서 커피가 재배되는 지역은 고도가 1,200~1,900m

눈 덮인 킬리만자로 풍경

© Franco Lucato

탄자니아 커피는 고산지대에서 주로 재배되는데, 특히 킬리만자로 커피는 신맛, 쓴맛, 단맛이 모두 느껴지는 특징을 가지고 있다.

에 이르는 고산지대가 대부분인데, 킬리만자로산과 메루Meru산이 이 지역에 포함된다. 이 지역은 아프리카 특유의 덥고 건조한 열대기후와는 달리 비교적 선선한 기후를 보이는 사바나기후 지역으로 건기와 우기의 구별이 뚜렷해 커피 재배에 아주 적합한 곳이다.

탄자니아에서는 아라비카 품종(75%)이 주로 재배되지만 킬리만자로 남단 케냐 국경 인접 지역인 탕가Tanga에서는 로부스타 품종(25%)도 재배된다. 주요 아라비카 생산지로는 킬라만자로 화산지대인 모시Moshi가 유명하다.

탄자니아 커피는 아주 강한 신맛이 특징이고 예멘 커피처럼 흙냄새가 난다고 알려져 있다. 특히 탄자니아 킬리만자로 커피는 신맛 외에도 쓴맛과 단맛이 함께 나는 것으로 유명하다.

© Franco Lucato

© Abdelrahman Hassanein

1 탄자니아 전통 방식으로 생두를 로스팅하는 여인 **2** 탄자니아 북부 카라투 지역의 커피 농장에서 일하는 현지인

커피 애호가들은 탄자니아 킬리만자로 커피를 자메이카 블루마운틴, 예멘 모카와 함께 3대 아라비카 커피 중 하나로 손꼽는데, 킬리만자로 커피를 일컬어 '커피의 신사'라고 칭하기도 한다. '커피의 신사'는 영국이 탄자니아를 지배할 당시 킬리만자로 커피의 맛과 품질이 뛰어나 영국 왕실에서 마시게 되면서 붙여진 애칭인데 '영국 왕실의 커피'라고도 불렸다고 한다. 커피를 좋아하는 영국 사람들이 얼마나 탄자니아 커피를 즐기고 사랑했는지 알 수 있는 대목이다.

탄자니아는 아프리카에서 에티오피아, 우간다에 이어 세 번째로 커피를 많이 생산하는 국가다. 생산되는 커피의 약 90%가 소규모 농가에서 재배되는데 자국에서 소비되는 양은 극히 적기 때문에 대부분을 해외로 수출한다. 1924년 설립된 '킬리만자로주민협동조합KNCU'이라는 단체에서 커피의 품질을 관리하고 커피 농가로부터 사들인 생두를 수출하는 역할을 한다. 오늘날 탄자니아 커피는 체계화된 생산 시스템과 국가적인 커피 산업 육성 정책 덕분에 선진적인 커피 생산국으로 인정을 받고 있다.

옻칠로 장식한 18~19세기 네덜란드제 커피 메이커(커피커퍼박물관 소장)

인도네시아 수마트라섬에 있는 커피 농장 풍경. 인도네시아에서 가장 큰 토바 호수가 내려다보인다.

인도네시아 커피

인도네시아는 베트남에 이어 아시아에서 두 번째로 많은 커피를 생산한다. 전 세계를 기준으로 보면 4위에 해당된다(2017년 기준). 많은 나라에서 아라비카 품종을 생산하는 데 비해 인도네시아는 고품질의 로부스타종을 주로 경작하며, 세계에서 가장 비싼 커피로 알려진 '루왁 커피 Luwak Coffee'와 '자바 커피'가 유명하다.

앞 장에서 잠시 살펴보았듯이 인도네시아 커피는 1696년 네덜란드 상인이 식민지였던 자바섬에 들여온 커피 묘목이 뿌리를 내리면서 시작되었다. 지리적으로 적도에 위치하면서 무기질이 풍부한 화산 지역 토양 덕분에 대규모 커피 농장이 조성될 수 있었다.

© Akkharat Jarussilawong

사향고양이가 먹고 배설한 커피 씨앗으로 만들어지는 루왁 커피는 생산량이 극히 적고, 특유의 향미 때문에 최고급 커피로 취급된다.

그런데 인도네시아에서 로부스타 품종을 주로 재배하게 된 것은 1877년에 크게 발병한 '커피 녹병Coffee Leaf Rust'이 커피 농장 대부분을 초토화시켰기 때문이다. 커피 녹병은 커피나무 잎에 일종의 곰팡이가 생기는 병인데, 이 곰팡이에 감염되면 잎이 떨어지고 성장이 저하되다가 나중에는 나무가 죽는 아주 무서운 병이다. 이런 이유로 인도네시아는 아라비카종을 포기하고 병충해에 강한 로부스타종을 주로 재배하게 되었다.

그렇다면 세상에서 가장 값비싼 커피로 알려진 루왁 커피는 어떻게 탄생한 것일까? 네덜란드에 의해 커피가 재배된 초기부터 인도네시아 커피는 대부분 유럽으로 수출되었다고 한다. 인

© Razvan Losif

© Chonnipa Aranwari

1 사향고양이 이미지를 상품화한 코피 루왁 **2** 건조시킨 사향고양이 배설물

도네시아 커피가 뛰어난 맛과 향미로 유럽에서 인기가 높아지자 점차 수요는 늘어났고, 네덜란드 상인들은 부족한 수량 때문에 현지 노동자들에게는 커피를 맛볼 기회조차 주지 않았다고 한다. 그러다 우연히 노동자들은 커피 농장에서 커피 열매를 먹는 사향고양이를 보게 된다. 사향고양이는 나무의 열매를 주로 먹고 사는데 커피 열매 속 딱딱한 씨앗은 완전히 소화를 시키지 못하기 때문에 배설물에 그대로 섞여 나오게 된다. 동물의 배설물이라 더럽게 여길 수 있겠지만 배설물이 햇볕에 마르게 되면 위의 사진처럼 흙이 조금 묻어 있는 커피 씨앗처럼 보인다. 아무튼 자신들이 땀 흘려 재배하는 커피를 간절히 맛보고 싶었던 노동자들은 사향고향이의 커피 배설물을 깨끗이 세척한 후 볶아서 마시게 되었는데, 이것이 루왁 커피의 시작이라고 알려져 있다.

정확한 유래가 어찌 되었든 사향고양이가 먹은 커피 열매는 몸속에서 숙성 과정을 거치게 된다. 이 숙성 과정을 통해 단맛과 초콜릿 맛, 신맛 등의 향이 생기게 되는데, 이것은 사향고양이 체내에서 커피 열매를 효소분해하면서 다량의 아미노산이 분비되기 때문이다. 결과적으로 아미노산이 커피 씨앗에 특유의 신비로운 맛을 제공하는 셈이다.

루왁 커피의 정확한 명칭은 '코피 루왁Kopi Luwak'이다. '코피'는 인도네시아어로 '커피'를 뜻하고 '루왁'은 '사향고양이'를 가리킨다. 뛰어난 맛을 지닌 코피 루왁은 자연에서 사향고양이의 배설물을 채취하는 일이 결코 쉽지 않기 때문에 희귀할 수밖에 없다. 따라서 코피 루왁은 아주 비싼 가격에 최고급 커피로 판매된다. 이렇게 매우 비싼 가격에 거래되다 보니 사향고양이를 직접 사육해 코피 루왁을 생산하려는 상인들과 가짜 코피 루왁이 많이 생겨나게 되었다.

인도네시아 커피의 주요 산지로는 수마트라섬, 자바섬, 술라웨시섬 등이 있다. 수마트라섬은 만델링 커피가 유명하고, 자바섬은 자바 커피, 술라웨시섬은 셀레베스 토라자Celebes Toraja 커피가 유명하다.

인도네시아를 대표하는 세 가지 커피의 특징을 간단히 살펴보면, 만델링 커피는 커피 애호가들의 사랑을 듬뿍 받는 커피 중 하나로 보디감과 함께 달콤한 맛이 특징이다. 커피 생산량 중 약 17%를 차지하는 자바 커피는 신맛이 적은 것이 특징이며 달콤한 초콜릿 향과 흙냄새, 스파이시한 향이 있다. 진하게 마시면 톡 쏘는 듯한 풍미와 감칠맛을 느낄 수 있어 에스프레소용으로 적합해 유럽에서 특히 인기가 높다. 셀레베스 토라자 커피는 묵직한 보디감과 함께 신맛을 느낄 수 있는 특징이 있다.

인도 커피

커피 애호가라면 '몬순 커피Monsooned Coffee'를 한번쯤 들어보았을 것이다. 인도는 생두를 숙성시킨 몬순 커피가 아주 유명하다. 숙성 과정을 거친 몬순 커피는 향미가 일반 커피와는 확연히 다르다. 단맛과 고소한 맛, 그리고 흙 내음이 섞여 독특한 맛을 낸다.

이렇게 개성 강한 인도의 몬순 커피는 오랜 시간 자연 숙성 과정을 거쳐 탄생하는데, 여기에는 흥미로운 사실이 숨어 있다. 처음부터 커피의 독특한 맛을 내기 위해 의도적으로 생두를 숙성시키지 않은 것이다.

오토바이에 커피와 차를 싣고 다니며 파는 거리의 상인(인도 타밀나두주, 2017)

© Imagesofindia

ⓒ Picturepartners

몬순 계절풍을 쐬어 숙성시킨 인도의 몬순 커피. 몬순 커피는 숙성 과정에서 생두가 노랗게 변하고 독특한 맛을 지니게 된다.

과거 인도에서 커피를 유럽으로 수출할 때 동인도회사의 선박을 이용했다고 한다. 그런데 선박을 이용해 인도에서 유럽으로 커피를 이동하는 데에는 5~6개월이라는 긴 시간이 걸렸다. 배에 실려 긴 시간을 이동하다 보니 커피 원두는 자연스럽게 바닷바람도 맞게 되고 비와 안개의 영향도 받게 되었다. 특히 인도에는 지리적으로 아라비아해와 벵골만에서 계절풍이 불어오는데, 이 계절풍은 바다의 습기를 몰고 온다.

해풍에 노출되어 습기가 찬 인도 커피가 유럽에 도착했을 때에는 초록색 원두가 누렇게 변해 있었다. 맛 또한 변하여 커피 특유의 산미는 사라지고 곰팡이와 흙 내음이 뒤섞인 듯한 독특한 냄새가 났다. 그런데 해풍을 맞아 변형된 커피에서 캐러멜 향의 단맛과 고소한 맛이 나자 인도

ⓒ Slosync

커피는 뜻하지 않은 인기를 끌게 되었다. 이렇게 하여 몬순 커피가 탄생했다. 유럽 사람들은 처음에는 이 인도 커피를 '몬순 커피'라고 하지 않고 '올드 브라운 자바 커피Old Browm Java coffee'라고 불렀다. 노란 황금색으로 변한 생두의 색깔 때문에 붙여진 이름이었다.

오늘날에는 우연하게 얻게 된 몬순 커피의 맛을 재현하기 위해 인위적인 숙성 방법을 사용한다. 열대 몬순 계절풍이 부는 창고에 커피 원두를 보관하여 숙성시키는 것이다. 이렇게 몬순기후의 특성을 이용해 커피를 숙성시키는 방법을 '몬수닝Monsooning'이라고 하는데, 원두는 7주 정도 통풍이 잘되는 창고에서 숙성 과정을 거치게 된다. 몬순 커피를 만들기 위해서 단순히 통풍이 잘되는 곳에 보관만 하는 것은 아니다. 커피 원두를 최대한 넓게 펼쳐 두고 갈퀴로 뒤집는 과정을 반복하여 원두가 골고루 바람을 쐴 수 있도록 해야 한다. 몬수닝은 이런 과정을 거치기 때문에 노동력이 많이 소요되는 작업이다.

몬순 커피 중 대표적인 것으로는 말라바르Malabar 지역에서 생산되는 '몬순 말라바르'가 있다. 말라바르 커피는 해발 1,000~2,000m에서 재배된다. 주로 아라비카종을 생산하며 최고급 등급인 '몬순 말라바르AA'는 전 세계 모든 커피들 중에서 가장 산도가 적은 커피로 유명하다.
인도는 아라비카보다 로부스타 품종을 더 많이 재배하는데 비율은 약 1:6 정도다. 주요 커피 생산지로는 인도 남부의 고산지대인 마이소르Mysore와 몬순 말라바르로 유명한 말라바르, 마드라스Madras 등이 있다.
인도 커피는 우리나라에 아직 많이 알려지지 않았다. 하지만 기회가 된다면 인도의 해풍과 커피를 생산하는 노동자들의 노력을 한번쯤 머릿속에 그려 보면서 독특한 맛의 몬순 커피를 마셔 보는 것도 좋을 것이다.

 에티오피아 커피

커피의 최대 생산국이 브라질이라면 커피의 발생지, 시작은 에티오피아라고 할 수 있다. 특히 아라비카 커피는 에티오피아 서남부의 커피 산지인 카파Kaffa 지역에서 처음 발견되었다고 전해진다. 하지만 예멘 커피에서 살펴보았듯이 예멘 또한 아라비카 커피의 원산지라고 주장하고 있기 때문에 원산지를 둘러싼 이견과 논쟁은 여전히 계속되고 있다. 그런데 실제 카파 지역에는 지금도 사람 손이 닿지 않는 곳에서 야생 커피가 자란다고 한다.

모카커피로 유명한 곳 또한 에티오피아다. 에티오피아의 커피가 예멘의 항구도시인 모카를 통해 유럽 각지로 수출되면서 유럽 사람들은 자연스레 이를 '모카커피'라고 부르게 되었다. 예멘의 커피를 당연히 모카커피라고 부르지만, 에티오피아에서 예멘의 모카항을 통해 수출되는 커피에도 모카라는 명칭이 붙여졌던 것이다.
에티오피아의 모카커피에는 모두 세 종류가 있다. 재배하는 지역에 따라 시다모Sidamo, 이르가체페, 리무Limmu라 부르는데 대부분 초콜릿 맛, 신맛, 꽃향기가 어우러져 향기가 좋고 부드럽다. 특히 이르가체페는 에티오피아 커피 중 가장 세련되었다는 평가를 받는다. 강한 꽃향기에 부드러운 보디감, 달큰한 신맛 등 와인에 비유되는 깊은 맛을 지닌다.

로스팅하기 전에 커피 원두를 물로 세척하는 여인(에티오피아 곤다르, 2015)

토기 주전자인 제베나로 커피를 따르는 에티오피아 여인. 에티오피아인들은 커피를 매우 즐겨 마시는 걸로 알려져 있다.

에티오피아에는 커피를 마시는 고유의 문화가 있다. 한자리에서 원두를 세척한 후 볶고 분쇄한 다음에 제베나Jebena라 불리는 토기 주전자에 끓여 낸다. 이 과정은 보통 한 시간 이상이 걸리는데, 이런 방식으로 에티오피아 사람들은 하루 세 번 커피를 마신다.

에티오피아를 방문하면 거리나 집 앞 공터에 사람들이 여럿이 모여 앉아 전통적인 방식으로 커피를 마시는 모습을 쉽게 볼 수 있다.

손님을 대접할 때는 위 사진처럼 에티오피아 전통의상인 흰색의 네텔라Netela를 입고 커피를 대접하기도 한다. 또 에티오피아 사람들은 커피 원두 외에도 커피나무의 잎과 줄기, 열매까지 모두 음용한다고 한다.

ⓒ Sunshine Seeds

커다란 원두 포대를 등에 짊어지고 운반하는 노동자들(에티오피아 아디스아바바, 2014)

에티오피아의 커피 생산량은 아프리카 대륙에서는 가장 많고, 전 세계로 보면 매년 6~7위 정도를 차지한다. 대부분 소규모 농장에서 커피를 재배하는데 주로 유기농 방식으로 경작한다. 커피를 즐기는 문화가 있다 보니 많은 생산량에도 불구하고 50% 정도는 에티오피아에서 소비하고 나머지를 수출하는 것으로 알려져 있다.

에티오피아 커피는 주로 해발 2,000미터 이상의 고지대에서 생산되는데, 3,000미터가 넘는 동부 산악지대 하라르Harrar에서는 최고급 커피인 '모카 하라르Mocha Harrar'가 생산된다. 하라르 커피는 깊은 향과 감미로운 와인 향으로 유명한데 '에티오피아의 축복'이라는 별칭이 있을 만큼 커피 애호가들에게 사랑받는 커피다.

커피를 사랑한 예술가

역사적으로 살펴보면 커피를 사랑한 예술가들과 그들이 남긴 커피에 관한 에피소드가 의외로 많다. 한마디로 예술가들과 커피는 떼려야 뗄 수 없는 관계였던 것 같다. 커피가 처음 발견되었을 때, 커피를 마시면 머리가 맑아지는 느낌이 신선한 자극으로 느껴져 수도원에서 사랑받았듯이 많은 예술가들은 커피가 각성 상태를 유지시키고 예술적 영감을 불러일으키는 데 도움이 된다고 믿었다.

"내가 집에 없다면 카페에 가 있을 걸세. 만일 카페에 없다면 카페에 가는 길일 걸세."

발자크가 남긴 이 말을 통해 우리는 그가 얼마나 커피를 사랑하고 즐겨 마셨는지를 충분히 짐작해 볼 수 있다. 커피의 역사가 유구하기도 하지만, 커피를 사랑하는 예술가들이 워낙 많았던 만큼, 커피가 예술가들에게 미친 영향과 커피에 얽힌 에피소드는 재미있게 살펴볼 만한 이야깃거리다. 그렇다면 도대체 커피는 어떤 매력이 있기에 예술가들에게 사랑을 받았을까? 예술가들과 커피에 얽힌 유명한 일화 몇 가지를 살펴보자.

오노레 드 발자크

19세기 전반 프랑스의 사실주의 소설가 발자크(1799~1850)는 커피를 너무 사랑한 나머지 커피 중독자로도 이름을 떨친 인물이다. 소설을 쓰기 위해 하루에 40~50잔의 커피를 마셨다고 하니

© Roger Viollet

© Esin Deniz

1 평생 3만 잔 이상의 커피를 마셨다고 하는 소설가 발자크의 초상 **2** 발자크가 평소 즐겨 마셨다고 알려진 터키시 커피

그야말로 커피로 하루를 살았다고 할 수 있겠다.

1822년부터 본격적으로 상업 소설을 쓰기 시작한 발자크는 '문학 노동자' 또는 '글 공장'이라고 불릴 정도로 매일같이 엄청난 양의 글을 썼다고 한다. 하루 평균 열 다섯 시간 이상 노동하듯이 글을 썼다고 하니 어쩌면 커피 없이 버티지 못했을지도 모른다.

발자크가 이렇게 많은 시간 글을 써야 했던 이유는 빚을 갚아야 했기 때문이었다. 사업에 실패하고 도박을 좋아했던 발자크는 늘 빚쟁이에 시달렸고, 빚을 갚기 위해 글을 쓰지 않으면 안 되었던 것이다. 그런데 이런 숨 막히는 환경이 오히려 수많은 작품을 탄생시켰으니 아이러니한 일이 아닐 수 없다. 그가 남긴 문학작품만 해도 100여 편에 이르는 장편소설과 수많은 단편소설, 희곡 등 방대하다. 이는 보통 소설가의 열 배가 넘는 다작이라고 하니 놀라운 따름이다.

발자크가 집필할 때마다 마신 커피는 진한 에스프레소라고 알려져 있다. 발자크는 일반 커피

발자크의 흉상(프랑스 파리, 2013)

© Kiev. Victor

© Marc Dubroca

프랑스 파리의 발자크 하우스에 전시되어 있는 도자기 커피포트. 발자크가 생전에 즐겨 사용했던 커피포트로 그가 살았던 집에 전시되어 있다.

보다 몇 배 진한 커피를 마시기 위해 직접 커피를 내리는가 하면 여러 종류의 원두를 섞어 자신만의 커피 레시피를 만들었다고 한다. 그러고는 포트에 커피를 가득 채운 채 글을 쓰는 내내 커피를 들이켰다. 특히 진한 커피의 하나인 터키시 커피도 즐겨 마셨다고 한다.
그가 집필한 《커피 송가Treatise on Modern Stimulants》라는 책에는 이런 내용이 적혀 있다.

"커피가 위 속으로 미끄러지듯이 흘러 들어가면, 모든 것이 움직이기 시작한다. 생각이 전쟁터의 나폴레옹 대군처럼 몰려오고 전투가 시작된다. 추억은 행군의 기수처럼 돌격해 들어온다. 논리의 보병부대가 보급품과 탄약을 들고 그 뒤를 바짝 따라간다. 재기 발랄한 착상들이 명사수가 되어 싸움에 끼어든다. 등장인물들이 옷을 입고 살아 움직인다. 어느새 종이가 잉크로 뒤덮인다. 전투가 시작되고, 검은 물결로 뒤덮이면서 끝난다. 진짜 전투가 시커먼 포연 속에서 가라앉듯이."

커피가 얼마나 발자크의 삶에 커다란 활력이 되었고 그 힘으로 글을 쓸 수 있었는지를 엿볼 수 있는 아름다운 문장이다. 발자크는 커피를 "내 삶의 위대한 원동력"이라고도 표현했다. 그의 글에는 많은 부분 커피에 대한 찬양이 들어 있으며 커피 덕분에 많은 작품을 쓸 수 있었다고 스스로 밝히기도 했다.
커피에 의존해 매일같이 글을 쓴 발자크는 그러나 결국 커피 때문에 생을 마감해야 했다. 1850년 51세 나이에 발자크는 심장병으로 사망했는데, 사망 원인은 카페인 과다 복용으로 추정된다. 그에게 삶의 일부였던 커피는 천사 같은 친구이자 악마의 음료였던 것이다.

요한 제바스티안 바흐

세계적으로 유명한 커피 추출기나, 커피숍 중에는 요한 제바스티안 바흐Johann Sebastian Bach(1685~1750)의 이름을 딴 것들이 있다. 이는 바흐가 음악가의 삶 외에 커피를 사랑한 예술가로도 널리 알려졌기 때문이다. 커피를 너무나도 사랑했던 바흐는 〈커피 칸타타Coffee Cantata, BWV 211〉라는 작품을 남겼을 만큼 커피와 인연이 깊다.

© Wikipedia

음악의 아버지로 불리는 요한 제바스티안 바흐는 커피 애호가로도 유명하다. 작곡할 때 늘 커피를 옆에 두고 작업했다고 한다.

"아 맛있는 커피여. 천 번의 키스보다 멋지고, 포도주보다 달콤하구나. 커피가 없으면 나를 기쁘게 할 수 없습니다. 내가 원할 때 커피를 마실 수 있는 자유를 보장하고 내 결혼 생활에서 그것을 약속하지 않는 한 어느 구혼자도 올 필요 없습니다."

바흐의 〈커피 칸타타〉 작품에 나오는 이 대사는 커피를 너무나도 좋아하는 딸을 아버지가 제재하려고 하자, 딸이 커피에 대한 애정을 표시하면서 반박하는 내용이다. 아버지가, 커피를 끊지 않으면 약혼자와의 결혼을 승낙하지 않겠다고 하자 딸은 '커피의 자유 섭취'를 결혼 승낙서에 넣겠다고 주장한다.

바흐에게 커피는 끊을 수 없는 매혹적인 것이었듯이 그의 작품 역시 커피를 사랑하는 많은 이들의 갈채와 사랑을 받았다. 18세기 들어 독일에는 커피 하우스가 여기저기 생겨나고 커피가 대유행을 하면서, 1732년에 작곡된 〈커피 칸타타〉는 커다란 사랑을 받았다.

〈커피 칸타타〉에서 유래한 '칸타타'는 이탈리아어로 '칸타레Cantare', '노래하다'는 뜻을 가지고 있다. 커피를 찬양하는 작품을 만들었을 정도이니 바흐가 얼마나 커피를 사랑했는지를 잘 알 수 있다.

ⓒ Apollosfire

2015년 클리블랜드 바로크 오페라단이 공연한 바흐의 〈커피 칸타타〉 뮤지컬. 아버지가 딸에게 커피를 끊으라고 설득하는 장면이다.

물론 〈커피 칸타타〉는 바흐가 작곡을 하고, 곡의 가사는 당대의 유명 시인 피칸더Picander가 쓴 것이지만 가사의 일부를 바흐가 자신의 취향대로 고쳤다고 전해진다.

〈커피 칸타타〉는 독창, 중창, 합창 등 주로 짧은 곡들로 구성되어 있다. 첫 공연은 독일 라이프치히의 커피 하우스에서 열렸는데 그 후 대중의 엄청난 사랑을 받으며 이른바 히트 작품이 되었다. 작품의 시작이 아주 인상적이다. 테너가 "조용히 하십시오! 잡담을 멈추시길!"이라고 외치며 등장해 청중의 주의를 끄는 장면이 있는데, 당시의 관객들에게는 꽤나 신선한 충격을 주었다고 한다. 무엇보다 커피를 좋아하는 딸과 그런 딸을 어떻게든 설득해 커피를 마시지 못하게 하려는 아버지의 대립 구도가 흥미진진하다고 할 수 있다.

요한 제바스티안 바흐를 기리기 위해 여름 음악 축제로 열린 〈바흐 페스티벌〉(독일 라이프치히, 2014)

다른 것도 아닌 커피 마시는 일로 약혼자와의 결혼까지 반대해 가며 대립하는 아버지와 딸의 모습은 커피 하우스에 여성이 출입할 수 없었던 당시의 세태를 은근히 비꼰 것이라는 해석도 있다. 그런데 오늘날에는 이해하기 힘든, 커피를 둘러싼 아버지와 딸의 대립에는 당시 독일을 비롯한 유럽 전역에 번져 있던 역사적 선입견이 있다.

앞부분 '커피의 역사'에서 살펴보았듯이 아라비아에서 유럽으로 건너간 커피는 점차 많은 사람의 사랑을 받게 되었지만 '이교도의 음료'라는 인식과 커피에 대한 부정적인 시각이 여전히 유럽인들에게는 남아 있었다. 그 부정적인 시각 중에 하나가 여성이 커피를 마시면 안 좋다는 것이었다. 당시 유럽인 중에 일부는 여성이 커피를 마시면 아이를 못 갖게 되고, 얼굴 피부도

1889년에 그려진 빈센트 반 고흐의 자화상. 지독할 정도로 커피를 좋아했던 고흐는 평소 예멘 모카 마타리를 즐겨 마셨다고 한다.

커피처럼 검게 변한다고 믿었다. 이런 인식이 사회 전반에 깔려 있었기 때문에 〈커피 칸타타〉에 등장하는 아버지와 같은 인물이 딸에게 커피를 마시면 결혼을 승락하지 않겠다고 으름장을 놓을 수 있었던 것이다.

바흐는 아침에 일어나 마시는 모닝커피를 특별히 좋아했다고 전해지는데, 그가 남긴 재미있는 말이 있다.

"모닝커피가 없으면 나는 그저 말린 염소 고기에 불과하다."

빈센트 반 고흐

일생을 고독하게 살았던 빈센트 반 고흐Vincent van Gogh(1853~1890)의 예술적인 생애에도 커피에 관한 이야기가 남아 있다. 커피가 고흐의 예술 활동에 활력을 불어넣었는지, 또는 시대를 앞서간 예술가였기에 커피와 같은 감각적인 음료에 일찍이 눈을 떴는지 명확히 알기는 어렵다. 하지만 고흐가 남긴 작품과 미술사에는 커피에 관한 몇 가지 이야기와 기록이 전해진다.

"고흐와 소통하려면 모카 마타리를 마셔야 한다."

'모카 마타리'는 앞부분 '예멘 커피'에서 다루었듯이 예멘의 대표적인 커피다. 묵직한 보디감과 함께 진한 초콜릿 향이 나는 예멘 모카 마타리를 고흐가 평소 즐겨 마셨기에 고흐와 소통하려면 그가 좋아하는

1884년 고흐가 그린 정물화. 그림 오른쪽에는 원두를 분쇄하는 핸드밀이 그려져 있다(네덜란드 크뢸러 묄러 미술관 소장).

모카 마타리를 함께 마셔야 한다는 뜻에서 생겨난 말일 것이다. 하지만 당시나 지금이나 고급 커피로 취급되는 예멘 모카 마타리를 가난한 고흐가 마셨을 리 없다는 반박 주장도 있다. 잘 알려진 것처럼 고흐의 예술 활동과 삶은 결코 순탄하지도 행복하지도 않았다. 늘 지독한 가난에 시달렸고 당대의 혹독한 비평 속에서 작품 활동을 해야만 했다.

가난 속에 허덕이던 고흐와 평생의 친구이자 든든한 후원자였던 동생 테오 반 고흐Theo van Gogh(1857~1891)의 일화는 문학사나 예술사에서 널리 회자되는데, 커피에 관련된 기록은 주로 동

1894년에 그려진 폴 고갱의 자화상. 고흐 못지않게 가난한 화가였던 고갱은 테오의 권유로 아를에 머물며 고흐와 작품 활동을 함께하기도 했다.

생 테오와 주고받은 편지에 남아 있다. 두 사람이 주고 받은 편지는 무려 668통이나 된다.

"계속 그림을 그리려면, 이곳 사람들과 함께하는 아침 식사에서 약간의 빵과 함께 마시는 커피 한 잔은 꼭 필요하다. 형편이 허락한다면, 야식으로 찻집에서 두 잔째의 커피를 마시고 약간의 빵을 먹거나 가방에 넣어 둔 호밀 흑빵을 먹어도 좋겠지." (《반 고흐, 영혼의 편지》 참조)

이 글은 1885년 12월 28일에 고흐가 테오에게 보낸 편지 내용 중 일부다. 1885년 12월은 고흐가 벨기에 안트베르펜Antwerpen에 머물던 시기다. 기록에 의하면 고흐는 1885년 11월에 안트베르펜으로 갔고 1886년 1월에 그곳에 있는 미술학교에 입학했다. 따라서 12월 28일 편지에서 '이곳'이라고 표현한 곳은 안트베르펜을 가리킨다고 봐야 한다.
고흐는 안트베르펜에서 풍경화와 초상화 등을 그려 생계를 유지하려고 했지만 뜻대로 되지 않았고, 동생 테오에게 생활비를 요청하면서 자신이 겪는 일상의 내용을 적어 보낸 것이다.

생활고를 겪던 고흐에게 동생 테오는 폴 고갱Paul Gauguin(1848~1903)과 함께 생활하며 한 작업실에서 작업하기를 권했다. 고흐 못지않게 궁핍한 생활을 했던 고갱은 화상畫商이었던 테오의 제안을 받아들였고, 두 사람은 1888년 프랑스 남부의 작은 도시 아를Arles에 있는 옐로 하우스에 머물게 된다.
두 예술가가 함께 지낸 기간은 아주 짧았지만 당시 밤늦게까지 열려

고흐의 〈밤의 카페 테라스〉(네덜란드 크뢸러 뮐러 미술관 소장, 1888)

1888년 고갱이 프랑스 아를에 머물 때 그린 〈밤의 카페, 지누 부인〉(러시아 모스크바, 푸시킨 미술관 소장)

있던 아를의 '카페 드 라 가르Cafe de la Gare'는 고흐와 고갱이 자주 가던 장소였다. 두 사람은 밤새 서로의 작품과 예술에 대해 토론을 벌였고 우정을 쌓아 갔는데 고흐의 〈밤의 카페 테라스〉와 〈아를의 밤의 카페〉, 고갱의 〈밤의 카페, 지누 부인〉 등의 작품이 이 시기에 그려졌다. 아마도 두 예술가는 아를의 카페에서 예술을 논하며 커피를 즐겼을 것으로 보인다. 술꾼이었던 고흐가 술 대신 커피를 마셨을 리 만무하다는 반박이 있지만 말이다.

19세기 말 영국에서 제작된 백랍 커피 메이커(커피커퍼박물관 소장)

천재 시인 아르튀르 랭보는 젊은 나이에 절필을 선언하고 유럽을 떠돌다가 예멘의 아덴을 거쳐 에티오피아 하라르로 건너가 커피 무역상으로 일한다.

아르튀르 랭보

현대시의 혁명적 인물로 평가받는 프랑스의 천재 시인 아르튀르 랭보 Arthur Rimbaud(1854~1891)는 열여섯 나이에 시인으로서 일찍이 꽃을 피우고 스무 살에 절필을 선언한다. 그 후에는 유럽을 유랑하다가 마르세유의 한 병원에서 세상을 떠나기 전까지 11년간을 예멘의 아덴Aden과 에티오피아의 하라르에서 지낸다. 주목할 점은 더 이상 시를 쓰지 않은 랭보가 예멘과 아프리카에서 유럽으로 커피를 수출하는 일을 감독하는 관리자로 일했다는 것이다. 당시 커피는 유럽, 그중에서도 프랑스에서 상당히 인기가 있었다. 네덜란드 상인들이 인도네시아 자바에서 커피를 재배할 무렵이었으나, 프랑스인들에게 사랑을 받은 커피는 예멘의 아라비카 커피였다.

1880년 스물다섯 살 나이에 예멘의 아덴으로 넘어간 랭보는 프랑스 리옹의 사업가 피에르 베르디Pierre Bardey를 우연한 기회로 만나게 된다. 당시 큰 규모로 커피 무역업을 하던 피에르 베르디는 젊은 랭보에게 예멘의 사업장을 관리해 줄 것을 제안한다. 이렇게 시인 랭보는 커피 공장의 중간 관리자로 취직하면서 커피와 인연을 맺게 된다.

예멘의 고원지대에서 수확한 커피는 낙타에 실려 아덴의 작업장으로 이송되었는데, 랭보는 공장에서 이 커피를 선별하는 작업을 진행했다. 이렇게 골라낸 질 좋은 커피는 커다란 삼베 자루에 포장되어 수에즈운하를 통과해 프랑스로 보내졌다. 그런데 랭보에게 일이 적성에 맞았는지 불과 한 달 만에 성과를 내고 상인으로서 좋은 평판을 받아 피에르 베르디의 신임을 얻게 된다.

ⓒ Milosk50

예멘을 떠나 아프리카로 건너간 랭보가 머물던 집. '랭보 하우스'로 불리며 현재는 작은 박물관으로 운영된다(에티오피아 하라르, 2014).

몇 년 뒤 간부로 승진한 랭보는 에티오피아 하라르에 설립된 지사의 관리자로 발령을 받아 아프리카로 파견되는데, 랭보가 아덴을 떠나 하라르로 가게 된 것은 예멘의 건조하고 무더운 날씨를 잘 견디지 못했기 때문이었다. 관리자로서 랭보의 능력과 수완을 확인한 피에르 베르디는 하라르에 지사를 만들어 랭보에게 좀 더 나은 환경에서 근무하도록 배려한다.

아덴에 비해 하라르의 기후는 비교적 선선한 편이라 적응하기에 수월했지만 랭보는 하라르에 도착한 지 얼마 지나지 않아 회사를 그만두게 된다. 하지만 이때 랭보가 하라르에 머무는 동안 에티오피아에서 생산되는 질 좋은 하라르 커피를 즐겨 마셨다고 한다. 하라르에 커피 가든을 따로 만들어 많은 시간을 보냈으며, 하라르 커피의 매력을 가족들에게 편지로 적어 보내기

© Yousuf karsh

미국의 대문호 어니스트 헤밍웨이는 커피 마니아로 유명하다. 쿠바에 머물며 집필 활동을 할 때 쿠바 크리스털 마운틴 커피를 즐겨 마셨다고 한다.

도 했다.
랭보가 하라르에 머물며 커피를 즐겨 마셨다면 '에티오피아의 축복'이라고 평가받는 모카 하라르를 마셨을 가능성이 높다. 하라르 커피는 깊고 중후한 향미와 함께 감미로운 와인 향이 나는데 아마도 랭보는 이 맛에 매혹될 수밖에 없었을 것이다.

지금도 하라르에서는 과거 랭보가 머물던 집을 '랭보 하우스'라 부르며 관리하고 있다. 커피와 관련된 그의 일상을 들여다볼 수 있는 유일한 곳인 랭보 하우스는 2층 목조 가옥으로 1층에는 랭보와 관련된 책, 2층에는 랭보의 사진과 그가 남긴 편지 등이 전시되어 있다.
고흐보다 1년 늦은 1854년에 태어난 랭보는 하라르에서 병을 얻어 1891년 서른일곱 살의 나이로 마르세유 병원에서 생을 마감한다. 고흐와 같은 나이에 요절했다.

어니스트 헤밍웨이

《노인과 바다》로 1953년 퓰리처상과 1954년 노벨문학상을 수상한 미국의 소설가 어니스트 헤밍웨이Ermest Hemingway(1899~1961)는 평소 커피를 즐겨 마셨다고 알려져 있다. 그가 소설을 집필할 때면 어김없이 책상 한편에 커피가 놓여 있었다고 한다.
헤밍웨이의 대표 소설 《노인과 바다》에는 커피가 자주 등장한다.

"노인은 천천히 커피를 마셨다. 고작 이것이 그가 하루 동안 입에 대는 유일한 음식이었고, 그래서 마셔 둬야 한다는 사실을 잘 알고 있었

© Earl Theisen

헤밍웨이는 글을 쓸 때 항상 커피를 옆에 두었을 정도로 커피를 좋아했다고 한다(아프리카 케냐, 1952).

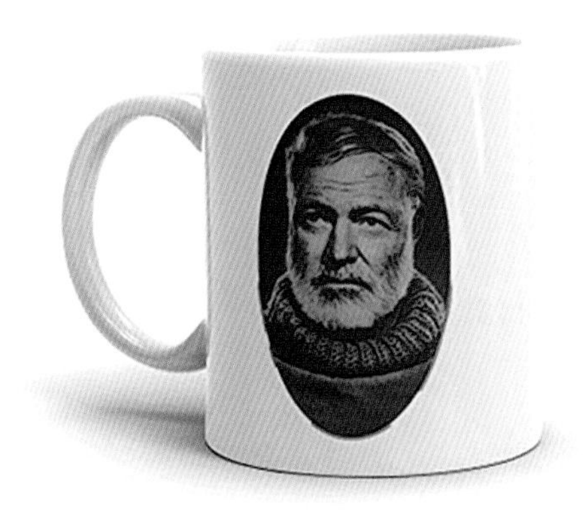

헤밍웨이가 사망하자 세계적인 그의 명성과 그가 좋아했던 커피의 이미지를 상품화한 제품들이 쏟아져 나왔다.

다. 벌써 오래전부터 먹는 것이 귀찮아져서 점심을 싸 가는 법이 없었다. 조각배의 뱃머리에 두는 물병 하나만 있으면 충분히 하루를 견딜 수 있었다." – 민음사 《노인과 바다》 29p 참조

"그날은 바람이 몹시 사납게 불어서 유망어선流網漁船이 바다에 나갈 수 없었기 때문에 소년은 늦잠을 자고 일어나 아침마다 그랬듯이 노인의 판잣집에 와 본 것이었다. 소년은 노인이 숨을 쉬고 있는지 확인하고 나서 노인의 두 손을 보더니 울기 시작했다. 그리고 커피를 가져오려고 판잣집을 빠져나와 길을 따라 내려가면서도 줄곧 엉엉 울었다." – 같은 책 123p 참조

《노인과 바다》에서 소설 속 노인 산티아고는 커피를 마시고 고기잡이를 떠난 후 다시 돌아와 커피를 마신다. 소년 마놀린이 산티아고에게 권한 커피는 신뢰와 우정 그리고 응원이었고, 그에 대한 고마움으로 노인은 소년의 커피를 거절하지 않는다. 헤밍웨이의 소설 속에서 커피가 얼마나 주요한 소재로 쓰이는지를 잘 가늠해 볼 수 있는 부분이다. 그의 작품 속에서 커피는 노인과 소년을 이어 주는 매우 중요한 매개체로 등장한다.

© PatrikV

오랜 기간 쿠바에 머물며 작품 활동을 한 헤밍웨이는 단맛, 쓴맛, 신맛이 조화로운 크리스털 마운틴 커피를 좋아했다고 한다.

《노인과 바다》 외에 헤밍웨이의 다른 작품에서도 커피에 관한 부분을 찾아 볼 수 있다.

"Then I will bring the coffee in the morning when thou wakest—
그럼 당신이 아침에 잠을 깨면 커피를 가져다드리고…" — 시사영어사 《누구를 위하여 종은 울리나》 123p 참조

《누구를 위하여 종은 울리나》에서 여주인공 마리아가 로버트 조던에게 하는 말이다. 1940년에 쓰인 장편소설 《누구를 위하여 종은 울리나》는 1943년 미국에서 영화로 만들어지는데, 당대 최고의 배우인 잉그리드 버그먼Ingrid Bergman(1915~1982)이 여주인공 마리아 역을 맡아 위의 대사

1943년에 개봉한 헤밍웨이 원작의 <누구를 위하여 종은 울리나>의 한 장면. 남자 주인공 게리 쿠퍼와 여자 주인공 잉그리드 버그먼.

로 유명해지기도 했다.

소설 속에 자주 커피를 등장시키고 주요 소재로 삼았던 헤밍웨이가 실생활에서는 어떤 커피를 좋아했을까.

전해지는 바에 의하면 헤밍웨이는 '탄자니아AA 킬리만자로' 커피와 쿠바의 '크리스털 마운틴Crystal Mountain' 커피를 즐겨 마셨다고 한다. 그런데 헤밍웨이가 쿠바에서 20여 년 넘게 반半쿠바인으로 살았으니 '현지에서 생산되는 크리스털 마운틴을 좋아했을 것이다'라는 이야기는 타당성이 있어 보이지만 '헤밍웨이가 탄자니아의 커피를 즐겨 마셨다'는 이야기는 왠지 신빙성이 떨어져 보인다.

헤밍웨이가 탄자니아AA 킬리만자로 커피를 마셨다는 구체적인 증거는 아직까지 찾아보기 힘들다. 단편소설 <킬리만자로의 눈>은 아프리카의 명산 킬리만자로를 배경으로 한 작품으로, 헤밍웨이는 이 작품을 쓰는 동안 케냐에서 생활했다고 한다. 그러나 케냐에 머문 기간이 그다지 길지 않았다.

킬리만자로산이 케냐와 탄자니아 국경지대에 있기 때문에 어느 나라에서 머물며 킬리만자로에 대한 글을 썼는지는 어쩌면 중요한 것이 아닐 수 있다. 또 케냐에 머물면서도 이웃한 탄자니아 커피를 즐겨 마셨을 수도 있다. 어쨌든 헤밍웨이가 <킬리만자로의 눈>을 썼기 때문에 그의 명성을 활용하려는 커피 상인들에 의해 '헤밍웨이는 탄자니아의 킬리만자로 커피를 즐겨 마셨다'는 억측이 생겼을 것이라는 주장이 있다. 왠지 설득력이 있어 보인다.

PART 04

커피의 맛과 멋

어떤 커피가 진짜 맛있는 커피일까. 우리가 커피를 마시면서 "이 커피 정말 맛 좋다"라고 하는 그 커피의 맛은 어떤 맛일까? 사실 맛을 표준화해서 '맛있는 커피는 이런 것이다'라고 정의 내리기는 쉽지 않다. 정확히 말하면 불가능하다고 할 수 있다. 맛은 사람마다 제각기 느끼는 기준이 다르고 식생활의 경험과 문화적 체험까지도 포함하는 매우 복잡한 것이기 때문이다.

한 잔의 커피가 만들어지기까지

일상에서 누구나 쉽게 접할 수 있는 커피는 어떤 과정을 거쳐 우리에게 전해지는 것일까. 로스팅되어 있는 짙은 갈색의 커피 원두를 떠올리면 커피가 열대의 뜨거운 태양 아래에서 재배된다고 생각하기 쉽지만, 실제로 커피를 재배하는 지역은 사람 살기에 적합한 쾌적한 기후가 대부분이다. 평균기온과 강수량이 적당한 경사진 산비탈이나 선선한 고원지대에서 커피나무가 주로 재배된다. 하지만 커피는 경작이 어렵고 환경에 따라 의외로 손이 많이 가는 까다로운 작물이다. 좋은 원두를 생산해도 가공이나 보관 과정에서 커피의 품질과 맛이 달라지기도 한다. 한 잔의 커피가 만들어지기까지 재배, 생산, 보관, 가공 등 주요 과정을 간단히 살펴보자.

● 커피의 재배 조건

커피나무가 열매를 맺고 수확할 수 있는 상태로 성장하기 위해서는 재배되는 지역의 기온과 일조량, 강수량, 토양 등이 매우 중요하다.

커피나무가 자라기에 적합한 기온은 품종에 따라 차이는 있지만 대체로 연평균기온 22도 정도다. 평균기온이 25도 이상일 경우에는 광합성작용이 원활하지 못해 커피나무가 자라지 못한다. 커피나무는 습도가 낮으면서도 안개가 자주 끼는 곳에서 잘 자란다. 강수량은 대략 연중 1,000~2,000mm 전후가 알맞다.

ⓒ Robert Lessmann

커피나무가 자라 커피 열매를 맺고, 열매가 다시 한 잔의 커피로 만들어지기까지는 기다림의 시간과 수많은 공정이 필요하다.

커피나무는 평지보다 표고가 높은 고산지대에서 잘 자라는데, 에티오피아와 케냐를 포함한 아프리카 고원지대, 중미의 과테말라와 자메이카 등의 고산지대, 남미의 콜롬비아와 에콰도르 등이 포함된 안데스산맥 등이 대표적이다. 이 지역의 토양은 대부분 화산작용으로 인해 오랫동안 퇴적된 부식토인데, 화산 지역의 부식토는 토양의 내부에 미세한 기공을 포함하고 있어 수분 유지가 되기 때문에 질 좋은 커피를 생산하는 데 적합한 것으로 알려져 있다. 또 이런 토양은 유기물이 풍부하고, 습기가 적당해 배수가 잘되는 게 특징이다. 한마디로 비옥한 토양에서 모든 식물이 잘 자라듯이 커피나무도 재배되는 토양이 중요하다.

부식토가 풍부하고 석회, 질소, 인산이 다량으로 함유되어 커피 농사에 최적의 조건을 갖추고

커피의 생장 과정

씨앗을 심고 생장 과정을 거쳐 우리가 마시는 한 잔의 커피가 되기까지의 과정을 10단계로 살펴보면 아래와 같다.

1
커피 열매의 껍질을 벗겨 내고
파치먼트 상태로 파종한다.

2
40일 정도 지나면 파치먼트가
흙 위로 솟아난다.

3
40일 이후에는 파치먼트에서
싹이 난다.

4
5개월 정도 지나면 나뭇가지에
여러 개의 잎이 난다.

5
커피나무로 자라 2~3년 정도
자라면 꽃이 핀다.

6
3~4년이 되면 본격적으로
녹색의 열매가 열린다 .

7
녹색의 열매는 7~9개월 후
붉은 열매로 익는다.

8
지름이 1.5cm 크기로 자라면
커피 체리를 수확한다.

9
수확한 붉은 커피 체리에서
파치먼트를 추출한다.

10
파치먼트를 로스팅하여
커피 원두를 만든다.

있는 대표적인 곳이 바로 브라질의 유명한 테라로사Terra rossa 지역이다. 또 에티오피아와 아라비아의 고원지대 역시 부식토 함량이 높아 품질 좋은 커피가 생산된다.
커피 재배에 적합한 지형은 고도가 낮은 평야지대보다 경사진 언덕이나 비탈진 지역이다. 하지만 이런 지역은 배수가 잘되는 반면 지형적 특성 때문에 관리가 어렵다.
고지대에서 재배되는 커피는 성장과정에서 열매가 단단해져 조밀도가 높아지기 때문에 맛과 향이 풍부하고 원두의 색깔이 비교적 밝고 진한 편이다. 세계적으로 유명한 커피들이 모두 고산지대에서 재배되는 것도 이와 같은 이유가 있기 때문이다. 또 표고가 높은 곳에서 재배되는 커피가 저지대에서 재배되는 커피보다 신맛이 더 자극적으로 변한다고 알려져 있다.

● 커피나무의 성장

커피나무를 기르기 위해서는 파치먼트 상태로 파종播種을 하게 되는데, 커피의 파치먼트는 커피 열매의 외부 껍질이 제거된 상태를 말한다. 로스팅되기 전의 커피 생두라고 보면 된다. 커피 파종은 두 번 정도 이종移種 과정을 거쳐 최종 경작지에 심게 된다.

커피나무는 일반적으로 3~4년 자라면 꽃을 피우고 열매를 맺기 시작하는데, 5년 이상은 자라야 본격적인 수확이 가능한 나무가 된다. 커피나무는 보통 높이가 6~10m 정도로 자라는데 자라는 토양이나 환경, 품종에 따라 10m 이상 자라기도 한다. 키가 큰 나무에서는 열매를 채취하기 어렵기 때문에 알찬 열매를 수확하려면 2m 정도 크기로 나무의 키를 조절하고 가지치기를 통해 나무가 노쇠해지는 것을 방지해야 한다. 나무의 상태에 따라 조금씩 다르지만 정상적으로 자라 수확이 가능한 커피나무에서는 보통 한 그루당 약 2,000개 정도의 열매를 채취할 수 있다. 나무 한 그루에서 약 500g 정도의 커피를 만들 수 있는 셈이다.
커피나무의 꽃은 자연적인 바람이나 곤충에 의해 수정을 맺는데, 수정이 되고 나면 짙은 녹색의 자그마한 열매가 포도송이처럼 나뭇가지와 잎 사이에 열리게 된다. 이 상태에서 7~9개월 정도 지나면 열매가 점차 커지면서 붉은색으로 익게 되는데 이때 수확하면 된다.

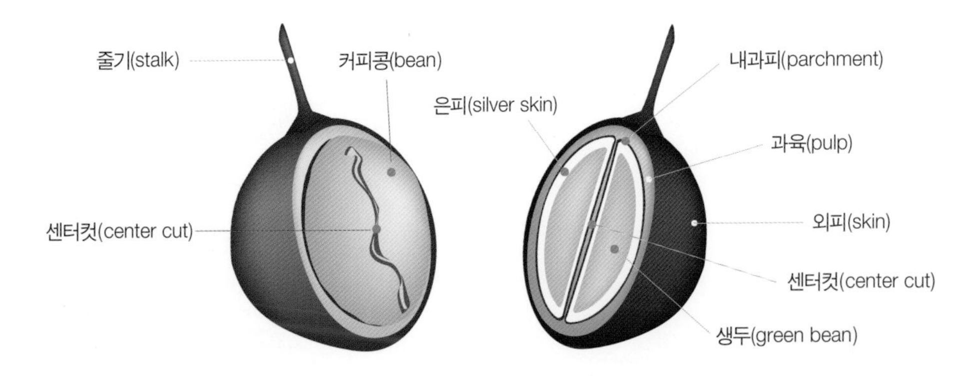

커피 체리의 구조

● 생두의 가공

커피의 생두, 그린빈Green bean은 커피 열매의 가장 중심부에 있는 씨앗, 즉 종자를 가리킨다. 커피 체리 안에는 보통 두 개의 생두가 들어 있는데 피베리Peaberry처럼 하나의 생두가 들어 있는 경우도 있다. 한 개의 생두만 들어 있는 피베리로 커피 열매가 자라는 것은 나무의 유전적인 요소, 자라는 환경 등에 영향을 받는 것으로 보인다. 변종인 피베리로 생산되는 커피는 일반적으로 5% 정도이고, 많아야 20% 미만이다.

커피 열매의 과육은 대부분 당분으로 이루어져 병충해의 위험 요소가 크다. 따라서 커피 체리를 수확한 즉시 정제 공정을 거치는 게 좋다. 수확한 커피 열매에서 불필요한 부분을 제거하고, 생두만 추출하는 가공 과정은 커피의 맛과 품질을 결정하는 매우 중요한 공정이다.

오늘날 사용되는 생두의 가공 방식은 크게 네 가지 정도가 있는데, 가장 오래된 전통적인 방식인 '자연 건조 방식Natural Dry Process'은 햇빛 건조가 가능한 자연 조건이 필수적이다. 물을 이용하여 커피 열매를 세척하고 생두를 추출하는 방식을 '워시드 방식Washed Process'이라고 하는데, 이 방식은 건식 처리 방식보다 커피 품질이 좋아 대부분의 커피 생산국에서 사용하는 방식이다. 이 밖에 건식법과 습식법을 합친 '세미워시드 방식Semi-Washed Process', 건식법과 습식법의 중간 정도에 해당하는 '펄프드 내추럴 방식Pulped Natural Process' 등이 있다.

© 10 FACE

생두를 창고에 보관할 때 가장 중요한 것은 적정한 습도 유지와 원활한 공기 순환이다.

● 생두의 보관

커피 체리가 외부 껍질과 커피콩의 분리 과정을 거쳐 생두로 만들어져도 추가로 세부 공정을 거치지 않는 한 은피銀皮 즉, 실버 스킨에 둘러싸인 상태로 남게 된다. 실버 스킨은 생두의 보호막 역할을 하기 때문에 생두의 품질이 변질되지 않도록 실버 스킨 상태 그대로 창고에 보관하는 게 좋다.

이때 생두를 보관하는 창고의 지리적 위치와 환경, 관리 설비가 매우 중요하다. 생두 보관의 이상적인 온도는 섭씨 23도, 습도는 약 60% 정도가 적당하다고 알려져 있다. 생두는 습도에 매우 민감한 편인데, 습도 조절이 제대로 되지 않으면 생두에 곰팡이가 피고 품질이 저하되기 때문에 습도를 적정하게 유지 관리하는 게 중요하다.
생두를 보관하는 창고 위치로는 생산지와 인접해 있고, 산소량이 적으며 고도가 높으면서도 통풍이 잘되는 곳이 좋다. 하지만 모든 조건을 완벽히 충족하는 곳에 설치된 창고라도 생두 자체에 함유된 물질로 인해 생화학 반응을 일으켜 생두가 변질될 수 있다.
생두를 오래 보관하려면 파치먼트의 수분 상태를 적절히 유지하는 것이 중요하다. 생두의 수분 수치가 12~13%가 되면 장기 보관이 가능한 생두라고 할 수 있다.

● 생두의 선별

출하가 결정되면 창고에 보관되어 있던 생두의 속껍질을 벗겨 내고 선별 작업을 하게 된다. 탈각기를 이용하여 탈곡을 마친 생두는 색깔, 밀도, 크기에 따라 선별 과정을 거쳐 등급이 매겨진다. 그런데 상급으로 판정받을 수 있는 생두가 커피 수확량의 50%를 넘기기 힘들 정도로 불량률이 비교적 높은 편이다.

생두는 기본적으로 특별히 제작된 장비를 이용해 '스크린 테스트Screen Test' 과정을 거치는데, 이때 생두의 두께, 너비, 길이 등이 테스트 과정에서 분류된다. 스크린 장비는 모양이 그물망처럼 생겼는데, 생두의 크기에 따라 스크린을 통과하여 분류되도록 만들어져 있다. 크기별로 나뉜 생두는 공기 장치를 이용한 분류 과정를 거치는데 이때 밀도가 높아 무거운 생두와 가벼운 생두가 나뉘어 구분된다.
그다음에는 깨지거나 발효된 생두를 골라내는 과정을 거친다. 컨베이어벨트 시스템을 활용한 자동화된 선별 과정도 있지만 사람의 눈으로 하나하나 판단하고 손으로 일일이 골라내는 방식이 여전히 많이 사용되는 생두 선별 방식이다. 비슷해 보이는 수많은 커피 생두 속에서 결점두를 걸러 내는 작업은 숙련된 인력만이 해낼 수 있는 고난도 작업이다. 결점두는 생두의 색깔이 다른 것, 벌레 먹은 것, 모양이 찌그러진 것이고 그 외 보관 과정에서 들어간 생두 이외의 이물질도 골라내야 한다.

생두의 선별 작업은 크기를 분류하고 난 뒤 눈으로 직접 보고 판단하여 결점두와 이물질 등을 직접 골라내는 작업을 거친다.

● 출하

선별 작업을 마치면 생두를 일정 무게씩 포대에 담아 포장하게 되는데, 보통 한 포대에 60kg을 담는다. 규격화된 포대에 생두를 넣고 포장하면 보관과 운반 등의 관리가 편리해진다. 생두를 담는 포장재는 주로 마麻로 제작하는데, 마는 온도와 습도의 변화에 잘 견디는 성질을 가지고 있어 대부분의 커피 생산국에서 사용하고 있다.

포대 표면에는 생두의 품질을 가늠할 수 있는 주요 정보를 표시한다. 생산지(생산 국가), 생산 연도, 생산 농장, 가공 방식, 품종, 등급, 마켓 이름, 하역지 등을 명시한다. 포대에 상품 정보 표시를 마치면 선적 준비를 하고 컨테이너에 실어 운반한다.

생두는 로스팅 전까지 변질되거나 품질이 저하되지 않도록 잘 관리해야 한다.

우리나라는 대부분의 커피를 수입하기 때문에 수입된 생두를 로스팅하기 전까지 적절한 곳에 두고 잘 관리하는 것이 매우 중요하다. 무엇보다 습도 유지가 우선인데 통풍이 잘되면서 직사광선이 없는 곳에 두면 좋다. 적정 온도와 습도를 유지하기 위해서는 창고 바닥에 목재나 단열재를 깔아 외부 온도가 직접 생두 포대에 전달되는 것을 방지해야 한다. 사계절이 뚜렷한 우리나라의 기후 특성상 포대를 쌓는 각도를 변경하거나 한곳에 오래 두지 않고 위치를 자주 바꾸는 것도 좋은 방법이다.

1910년과 1920년 사이 미국에서 제작된 재순환 여과 방식의 커피 메이커(커피커퍼박물관 소장)

로스팅

커피 마니아 중에는 로스팅을 '커피의 진수', '시간의 예술'이라고 표현하는 이들도 있다. 이는 로스팅 과정이 하나의 예술적 행위에 비견될 만큼 커피의 향미를 결정짓는 중요한 작업이기 때문일 것이다. 커피는 생두를 로스팅하는 사람의 개별적 방식과 기술에 의해 맛과 향이 다양하게 변화될 수 있다. 그래서 로스팅은 직관적이면서도 매우 과학적인 작업이라고 할 수 있다.

● 로스팅이란 무엇인가

로스팅은 '생두에 열을 가해 볶는 과정'을 의미한다. 로스팅을 '배전培煎'이라고도 하는데 한자 '培'는 '손질하여 다듬다'는 뜻을 가지고 있고, '煎'은 '달이거나 지지다'는 뜻이다.

앞에서 커피나무의 성장과 열매의 구조를 살펴보았지만, 커피나무의 열매를 수확한 후 생두를 가공하고 로스팅한 다음 여러 가지 방법으로 추출하면 우리가 마시는 커피가 된다. 생두는 볶는 과정에서 열이 가해지면 연한 색에서 짙은 다갈색으로 변한다. 또 커피콩 내부에서 열에 의한 화학작용이 일어나는데 시간이 지나면서 커피 고유의 맛이 살아나고 향이 더욱 그윽해진다. 생두는 바로 추출하여 커피로 마실 수 없기 때문에 추출하기에 적합한 상태로 생두를 변화시키는 작업이 로스팅의 목적라고 할 수 있다.

같은 품질의 생두라고 해도 로스팅 강도와 로스팅하는 사람의 기술에 따라 다른 맛이 나게 된다. 또 열을 가해 작업하는 만큼 로스팅 머신의 성능에도 크게 영향을 받는다.

© Nioloxs

로스팅은 생두에 열을 가해 커피의 맛과 향을 끌어내는 작업으로 로스팅 시간, 기술, 머신 성능 등이 매우 중요하다.

로스팅 과정에서 생두에 가해지는 열의 강도가 낮으면 밝은 톤의 산미가 느껴지고, 강도가 높으면 묵직한 보디감과 함께 쓴맛이 느껴진다. 또 커피 맛은 가열하는 시간과도 매우 밀접한 관계가 있는데, 로스팅 시간이 짧으면 커피액의 밀도가 가벼워지고 로스팅 시간이 길면 맛은 깊어지는 반면에 잡맛이 섞이는 단점이 있다.

커피를 로스팅하기 위해서는 여러 가지 사항을 준비하고 체크해야 한다. 로스팅 과정에서 여러 변수가 나타날 수 있기 때문인데, 특히 날씨가 상당히 큰 영향을 미친다. 따라서 로스팅에 숙련된 사람은 온도와 습도 등 주변 환경을 자주 체크하고, 그 결과에 따라 로스팅 조건을 각각 다르게 적용하기도 한다.

© Sergey Bogomyako

로스팅은 머신의 화력에 커다란 영향을 받는다. 머신의 성능과 특성에 맞게 어떻게 화력을 조절하느냐에 따라 커피 맛이 크게 달라질 수 있다.

● 로스팅 머신

커피 로스팅은 평소 사용하는 프라이팬이나 냄비로도 생두를 볶아 어렵지 않게 할 수 있다. 하지만 이 책에서는 커피 전문점에서 사용하는 로스팅 머신을 이용하여 전문가가 로스팅하는 것을 전제로 서술하고자 한다.

로스팅 머신에는 열을 활용하는 기계적 방식에 따라 크게 직화 방식, 열풍 방식, 반열풍 방식 등 세 가지 종류가 있다.
먼저 직화 방식은 로스팅 머신 아래쪽에 있는 버너 열이 직접 생두에 전달되는 방식으로, 대표적인 머신으로는 후지로얄Fuji Royal과 본맥Bonmac 등이 있다. 직화 방식의 머신은 예열 시간이 짧고 커피의 맛을 개성적으로 뽑아내기에 적합하지만, 열량 조절이 까다롭고 드럼 내부에 열이 오랫동안 머무르지 않기 때문에 균일하게 로스팅하기 어렵다.
열풍 방식의 머신은 별도의 연소실에서 연료가 연소될 때 발생하는 뜨거운 공기를 이용하여 생두를 로스팅하는 것으로 대량으로 로스팅하기에 적합하다. 하지만 커피 고유의 향미를 끌어내기 어렵고 예열 시간이 많이 걸리는 단점이 있다. 열풍 방식의 대표적 머신에는 프로바트Probat와 로링Loring, 페트로치니Petroncini 등이 있다.
반열풍 방식은 직화 방식의 변형 방식으로 드럼에 열을 가하고 여기에 뜨거운 공기를 통과시키는 방식이다. 반열풍 방식은 열량 조절이 비교적 쉽기 때문에 균일한 로스팅이 가능하고 커피콩을 팽창시키기에 적합하다. 반면에 직화 방식에 비해 예열 시간이 길고 커피의 향미가 단조로울 수 있는 단점을 가지고 있다. 반열풍 방식의 로스팅 머신에는 디드릭Diedrich, 조퍼Joper, 하스가란티Hasgamti 등이 있다.

필자의 커피커퍼에서는 독일에서 생산한 열풍 방식의 프로바트를 메인으로 사용하는데, 1kg의 머신부터 5kg, 25kg의 세 가지 기종을 보유하고 있다. 수많은 로스팅 머신 중에서 프로바트를 선정한 이유는 100년이 넘는 프로바트의 오랜 역사와 기술적 노하우가 머신에 잘 적용되었기 때문이다. 또 전 세계 커피 전문가들의 머신에 대한 작업 만족도가 매우 높고 널리 사용되고 있다는 점이 좋았다. 프로바트는 세계 각종 커피 협회의 공식 로스팅 머신으로 가장 많이 채택되는 브랜드이기도 하다.

© Mr Brown

프로바트의 드럼식 로스터는 균일한 품질의 커피를 로스팅할 수 있어 전 세계에서 가장 많이 사용되는 로스팅 머신이다.

● 로스팅 과정

로스팅하기 전의 생두는 콩 특유의 비릿한 향을 가지고 있다. 이런 생두에 열을 가하면 커피콩은 화학반응을 일으켜 새로운 구조로 변화하면서 비릿한 맛은 사라지고 다양하고 복잡한 맛과 향이 생겨나게 된다. 다시 말해 커피를 볶는다는 것은 커피가 근본적으로 지니고 있는 성분을 변화시키는 작업이다. 그래서 로스터는 원하는 향을 끌어내기 위해 어떤 생두를 어떻게 로스팅해야 하는지 알아야 하고, 이를 구체적으로 실현할 감각적인 기술이 필요하다. 로스팅은 크게 건조 단계, 로스팅 단계, 냉각 단계 등 세 단계로 나눌 수 있다.

① 건조 단계

로스팅 초기 단계로 머신에 열이 가해지면서 생두가 열을 흡수하는 단계다. 이때 열을 흡수한 생두의 수분이 감소되면서 무게도 서서히 줄어든다. 건조 단계에서는 생두 내부에 열이 잘 전달되도록 수분을

생두는 로스팅 과정을 통해 점차 색이 변하면서 커피 고유의 향미를 품게 된다.

최대한 없애는 것이 중요하다. 생두에 열이 전달되면 마이야르 반응Maillard Reaction에 의해 색이 점차 갈색으로 변하면서 구수한 커피 향을 맡을 수 있다.

② 로스팅 단계

커피의 스타일을 결정짓는 가장 중요한 열분해 단계다. 로스팅 단계에서는 커피콩의 부피가 30~60% 정도 증가하고, 열에 의해 생두의 세포벽이 부드러워지면서 분쇄하기 쉬운 구조로 바뀐다. 이때 로스팅에 필요한 머신의 온도는 생두의 상태와 여러 조건에 따라 각기 다르지만 160도에서 240도 사이이다.

로스팅 강도

쓴맛 (약 → 강)	단계	포인트	설명	신맛 (강 → 약)
약	라이트 *Light*	95	가장 낮은 로스팅 단계로 신맛은 강하지만 커피 특유의 향미를 느끼기 어려운 상태다. 커피콩의 색상은 밝고 연한 황갈색이다. 이 단계로 로스팅을 마치는 경우는 거의 없기 때문에 로스팅의 초기 단계로 보면 된다.	강
	시나몬 *Cinnamon*	85	로스팅이 진행 중인 과정으로 생두의 비릿한 맛이 사라지고 구수한 향미가 서서히 살아나는 단계다. 생두를 테스트할 때 주로 시나몬 단계에서 한다. 커피콩의 색상은 연한 황갈색을 띤다.	
	미디엄 *Medium*	75	1차 크랙이 생기는 단계다. 중간 정도의 강도로 로스팅이 진행되는 단계이기 때문에 커피의 향미도 중간 정도의 단맛과 신맛을 느낄 수 있다. 커피콩의 색상은 잘 익은 밤 색깔을 띤다.	
	하이 *High*	65	2차 크랙이 생기기 직전까지의 단계다. 강한 로스팅 단계에 접어든 상태로 커피의 보디감이 서서히 나타난다. 단맛은 더욱 강해지고 약한 신맛을 느낄 수 있다. 커피콩의 색상은 연한 갈색이다.	
쓴맛	시티 *City*	55	2차 크랙이 시작되고 나서 몇 초의 시간이 더 지난 단계다. 풍부한 커피의 보디감과 산미가 나타난다. 쓴맛이 살짝 느껴지는 단계이기도 하다. 커피콩의 색상은 갈색을 띤다. '로스팅의 표준'이라고 하는 단계다.	신맛
	풀시티 *Full City*	45	2차 크랙이 활발히 진행되는 단계다. 중간 정도의 단맛과 쓴맛이 생겨나고 신맛은 거의 없는 상태가 된다. 에소프레소커피에 가장 잘 어울리는 단계이기도 하다. 커피콩의 색상은 진한 갈색을 띤다.	
	프렌치 *French*	35	2차 크랙이 최고조로 진행된 시점에서 몇 초 정도 지난 단계다. 강한 쓴맛과 약한 단맛, 신맛을 느낄 수 있다. 1920~1930년대 프랑스에서 크게 유행하여 프렌치라는 명칭이 붙었다. 커피콩의 색상은 흑갈색을 띤다.	
강	이탈리안 *Italian*	25	가장 강한 로스팅 단계다. 매우 강한 쓴맛과 함께 탄 맛도 느낄 수 있는데, 커피 오일이 생겨나 커피콩의 표면이 반짝거린다. 커피콩의 색상은 흑색을 띤다. 자칫하면 타기 때문에 전문가들이 사용하는 단계다.	약

로스팅 강도를 나타내는 8단계 명칭은 일본식 분류법이다. 미국식은 커피콩의 밝기를 단계별로 측정해 로스팅의 포인트를 숫자로 표시해 분류한다.

ⓒ S-Photo

생두에 열을 가하면 커피콩의 조직이 열분해되면서 부피가 증가하는데, 이때 증기압이 원두를 뚫고 나오면서 소리가 나는 것을 '크랙'이라고 한다.

로스팅이 진행되면 커피콩에 여러 성분이 나타나는데, 주로 이산화탄소와 아미노산과 클로로겐산과 같은 여러 산들이다. 열을 흡수한 생두는 증기압이 커피콩을 뚫고 나오면서 팽창하는 소리를 내게 되는데 이를 크랙crack이라고 한다. 1차 크랙 단계에서는 생두의 수분이 기화되며 막을 형성한다. 생두의 조밀함에 따라 차이가 있을 수는 있지만, 주로 조직이 팽창하면서 가스가 생성되어 소리를 낸다. 2차 크랙 단계에서는 이산화탄소 가스가 방출되면서 1차 크랙과는 다른 소리를 낸다. 이를 '세포 내의 탈수 현상Dehydration'이라고 한다. 연소가 가속되면, 커피콩은 더욱 부서지기 쉬운 상태가 되고 이때 주의를 기울이지 않으면 커피콩을 태울 수 있다.

③ 냉각 단계

냉각 단계는 로스팅의 마지막 단계로, 가열된 커피콩의 열을 최대한 빠른 시간 내에 식히는 것이 중요하다. 신속하게 냉각시켜야 로스팅 과정에서 생성된 커피의 향미를 커피 원두에 보존할 수 있다. 커피 원두를 식히는 냉각 방식에는 공기의 흐름을 이용한 공랭 방식과 물을 이용한 퀀칭Quenching 방식이 있다. 퀀칭 방식은 머신의 드럼에 물을 분사해 식히는 방식인데, 공랭 방식에 비해 열을 떨어뜨리는 속도는 빠르지만 수분이 원두와 접촉하면서 로스팅된 원두의 조밀도에 변화가 생겨 원두를 분쇄할 때 균일도가 떨어진다. 일반적으로 냉각 단계에서는 4분 안에 실온 정도의 온도로 떨어뜨리는 것이 좋다.

오스만제국에서 15세기경 은으로 제작한 커피 메이커(커피커퍼박물관 소장)

좋은 커피를 마시는 법

● 좋은 커피의 맛

세상의 모든 음식이 그렇겠지만 원재료의 품질이 맛을 좌우한다. 신선한 식재료가 음식의 질감과 풍미를 더하기 때문인데 커피 또한 예외가 아니다. 아무리 완벽한 로스팅과 뛰어난 드립 기술이 있다 해도 원재료인 원두의 품질이 좋지 않으면 결코 좋은 커피를 만들 수 없다. 그렇다면 좋은 커피를 결정짓는 중요한 요소는 무엇인지 살펴보자.

• 생두의 색과 크기가 균일해야 한다

적절한 시기에 수확하고 알맞게 관리된 생두가 가장 좋은 생두라고 할 수 있다. 커피도 다른 농작물과 같이 농부의 관리적인 요소 외에 자연의 조건에 따라 여러 가지 변수가 발생하는 농작물이다. 따라서 비가 많이 내리거나 이상기온 등 자연적 여건에 많은 영향을 받을 수밖에 없다. 좋은 농작물이 그렇듯이 인간이 어떻게 할 수 없는 자연적인 피해를 입지 않고, 체계적으로 잘 관리된 생두는 품질이 좋다. 좋은 생두는 자연적 피해가 적을수록 균일한 색과 크기를 유지한다. 따라서 잘 관리된 커피 생두를 고르기 위해서는 균일한 색을 띠는지, 생두의 크기가 크거나 작은 것이 섞이지 않고 일정한지를 잘 살펴보아야 한다.
또 생두의 크기에 따라 등급을 나누는 산지들의 경우에 생두의 등급이 높을수록 콩의 크기가 균일하다.

맛있는 커피는 개인의 취향에 따라 다르다. 하지만 기본적으로 신선한 원두를 적절하게 로스팅해야 맛있는 커피가 될 수 있다.

• 결점두의 비율이 적을수록 좋다

당연한 말이지만 여러 요인으로 생기는 결점두는 시각적으로 쉽게 구별해 낼 수 있다. 벌레 먹은 콩이나 속이 빈 생두, 덜 자라 변형된 콩 외에도 수확이나 보관 과정에서 들어간 모든 이물질이 결점두에 해당된다. 세계적으로 고급 커피가 유행하기 때문에 과거에 비해 결점두가 많은 생두는 거의 없어졌다. 또 원산지에서 선별하고 포장할 때 과거보다 좋은 장비와 시스템으로 관리하기 때문에 결점두가 크게 줄어들었다. 결점두 관리는 장비를 이용해 걸러 내기도 하지만 사람이 하나하나 눈으로 체크하고 선별하는 핸드픽Handpick 과정을 여전히 선호하기 때문에 고단한 작업이다. 결점두가 적다는 것은 관리가 잘된 생두라고 생각해도 좋다.

커피의 맛을 결정하는 네 가지 : 물, 크림, 설탕, 커피 잔

• 고지대에서 생산된 생두가 좋다

좋은 커피가 생산되는 지역은 대부분 평지보다 고도가 높은 지역이다. 고지대에서 재배되는 커피는 일교차가 심하기 때문에 재배 과정에서 생두의 밀도가 높아지고 풍부한 향미를 갖게 된다. 좋은 커피를 만들기 위해서는 로스팅이 매우 중요한데, 밀도가 높은 원두일수록 열에 견디는 시간이 길고 다양한 맛을 추출할 수 있기 때문에 고지대에서 생산된 생두가 좋다고 할 수 있다. 또 생두의 밀도가 높으면 보디감이 좋은 커피를 만들 수 있다.

● 커피의 맛을 결정하는 네 가지 : 물, 크림, 설탕, 그리고 커피 잔

커피 향미에 커다란 영향을 주는 것은 원두 다음으로 물이다. 그도 그럴 것이 보통 한 잔의 커피에는 물이 98% 정도이고 나머지가 커피 재료다. 같은 커피라도 물을 얼마만큼 쓰는지에 따라 맛에 차이가 생기며 물이 좋은 지역은 커피의 맛도 좋다. 커피 성분이 잘 용해되는 연수가 적합한데, 광물질이 포함된 물은 좋지 않다. 한마디로 순수한 물이 좋은데 생수보다는 정수된

© Mpessaris

달콤한 맛을 즐기고 싶거나 아메리카노에 식상함을 느낀다면 생크림이나 휘핑크림을 얹은 커피를 마셔 보는 것도 좋다.

물이 더 좋은 커피 맛을 낸다. 일반적으로 수돗물은 그냥 마셔도 된다고 알려져 있지만, 배관이 낡았거나 물이 저장된 탱크가 오염되었다면 커피 맛에 나쁜 영향을 줄 수 있다. 또 수돗물은 소독 과정에서 염소와 같은 화학 성분이 들어가기 때문에 커피 맛에 좋지 않은 영향을 준다. 따라서 가정이나 사무실에서는 수돗물이나 생수를 사용하지 않고 정수기 물을 사용하는 것이 가장 좋은 방법이라고 할 수 있다.

요즘에는 커피에 크림이나 우유를 넣지 않고 원두 자체를 즐기는 사람이 많은 편인데 가끔 크림을 넣은 커피를 마시면 새로운 맛의 변화를 느낄 수 있다. 크림은 동물성 생크림이 가장 좋

원두 본연의 향미를 제대로 음미하기 위해서는 물 외에는 아무것도 첨가하지 않는 것이 좋다. 하지만 설탕을 넣으려면 과립형 설탕을 넣는 것이 좋다.

은 풍미를 주는데 커피와도 비교적 잘 어울린다. 커피에 주로 사용하는 생크림은 유지방 비율이 보통 20~30%이지만 원두의 로스팅 강도가 높은 프렌치로스트French Roast 커피에는 보통 유지방 비율이 45% 또는 35%인 생크림이 가장 잘 어울린다. 프렌츠 로스트로 만든 진한 커피에 우유를 듬뿍 넣으면 맛있는 카페라테Caffé Latte가 되고, 미디엄 로스트의 경우 너무 강한 맛의 생크림보다는 우유를 섞는 것이 효과적이다.

세계적으로 아메리카노가 대세인 세상이지만 달콤한 커피를 좋아하는 사람도 여전히 적지 않다. 커피를 좋아하면서도 커피의 쓴맛이 싫어 설탕을 넣는 사람들도 있다. 설탕은 커피의 쓴맛을 줄여 주는데, 커피 슈거Coffee Sugar를 커피에 넣고 스푼으로 젓지 않으면 설탕이 자연스럽게 녹는 과정에서 다양한 맛을 느낄 수도 있다. 커피에 설탕을 첨가하되 순수한 단맛을 느끼고 싶다면 과립형 설탕을 첨가하는 것이 좋다. 설탕에 캐러멜 용액을 가미한 커피 슈거나 과립 설탕에 당액을 가미해서 압축 건조를 한 각설탕도 있으니 각자 취향에 맞게 사용하면 된다. 전통적인 단맛을 내는 꿀이나 단풍나무에서 수액을 채취해서 만든 메이플시럽Maple syrup도 단맛을 내기에 좋은 재료인데, 특히 커피의 투명도를 유지해 주기 때문에 시럽이 많이 사용된다.

앞에서 거론한 물과 크림, 설탕 외에 커피를 담아 마시는 용기도 의외로 중요하다. 뜨거운 커피의 경우에 마시는 동안 열을 잘 보전할 수 있어야 한다. 용기의 크기나 무게 등도 커피를 즐기는 사람의 취향에 따라 매우 중요한 요소가 되기도 한다. 커피를 까다롭게 고르는 편이라면 커피 잔을 선택하는 데에도 취향이 묻어나기 마련이다. 로스팅이 강한 커피는 작은 크기의 잔이, 로스팅이 약한 커피일수록 큰 잔이 적합하다. 또 입에 닿는 부분이 얇은 자기류의 커피 잔이 금속 재질의 잔이나 유리잔보다 커피 맛을 잘 살려 낸다고 알려져 있다. 입술에 닿는 얇은 촉감이 커피의 향미를 더욱 섬세하게 전달하기 때문이다. 그렇다면 커피와 어울리는 커피 잔에는 어떤 것이 있는지 살펴보자

• 머그잔

머그Mug잔은 손잡이가 달린 원기둥 모양의 큰 잔이다. 보통 잔 받침 없이 사용하고 200~250ml 정도의 커피를 담을 수 있는 커다란 잔이다. 커피를 즐기는 사람들이 마시는 커피 용량이 점차 늘어나면서 머그잔의 크기 또한 점점 커지는 추세다. 머그잔의 재질로는 자기류가 일반적으로 가장 널리 사용되지만 유리나 알루미늄 등 다양한 재질의 머그잔이 등장하고 있다. 아메리카노나 카페라테 등의 커피를 담는 데 주로 사용된다.

머그잔

• 에스프레소 잔

80ml 정도를 담을 수 있는 크기로, 커피 잔 중에서 제일 작다. 이탈리아에서 에스프레소용으로 처음 사용했다. 오늘날 에스프레소가 세계 각국으로 널리 퍼져 나가 커피 마니아들로부터 사랑을 받기 때문에 진한 에스프레소 전용 컵으로 사용된다. 크기가 작아 빨리 식는 단점 때문에 커피를 담기 전에 충분히 예열하는 것이 좋다. 더블 에스프레소 잔은 130ml 정도를 담을 수 있다. 80ml와 130ml 잔이 에스프레소 잔의 이탈리아 표준 규격이지만 변형된 다양한 용량의 에스프레소 잔

에스프레소 잔

이 세계 각국에서 사용되기도 한다.

카푸치노 잔

• 카푸치노 잔

거품을 낸 우유를 에스프레소에 부어 만드는 카푸치노용 잔으로 보통 잔보다 약간 크다. 용량 150~180ml 정도를 담을 수 있는 잔이 주로 사용된다. 카푸치노 잔은 높이보다는 너비가 큰 잔인데, 옆으로 넓은 크기의 잔은 우유 거품을 담기에 적합하다.

• 레귤러 잔

일반적으로 110~140ml 분량의 커피를 마시기에 좋은 잔이다. 종류가 가장 다양한데 요즘에는 좀 더 큰 잔을 선호한다.

드미타스 잔

• 드미타스 잔

모든 커피 잔의 기준이 되는 크기로 프랑스에서 가장 많이 쓰이며 60~90ml 정도 되는 커피를 마시기에 적합하다. 드미타스Demitasse의 'demi'는 프랑스어로 '반半', 'tasse'는 잔盞을 뜻한다. 보통 커피 잔의 절반 정도 크기로 '작다'는 의미와 함께 '작은 잔에 나오는 진한 커피'라는 의미로도 쓰인다. 에소프레소 잔으로도 많이 사용된다.

종이컵

• 종이컵

키피를 담는 종이컵은 커피가 종이에 스며들지 않도록 컵 안쪽에 코팅 처리가 되어 있다. 들고 다니며 마실 수 있다는 편리함과 적은 비용으로 제작할 수 있는 장점 때문에 널리 사용되지만 버려지는 일회용 컵이라 끊임없이 환경 문제가 되고 있다.

200g 포장된 원두

• 커피의 풍미를 좌우하는 원두의 보존

앞에서 잠시 설명했듯이 원두를 로스팅하기 전에 커피의 맛을 결정짓는 가장 중요한 요소는 원두를 어떻게 보존, 관리하는가에 있다. 커피를 마시다가 기분 좋지 않은 신맛이나 쓴맛을 느껴 본 사람들은 원두가 산화, 변질되지 않도록 보존, 관리하는 방법을 알아두면 좋다.

원두를 보존, 관리할 때에는 원두에 영향을 주는 공기, 빛, 온도, 수분의 주요 4요소를 꼭 기억해야 한다. 이 네 가지 요소가 완벽한 환경이라도 보통 3주 정도 지나면 커피의 신선도는 점차 떨어진다. 일반적으로 원두를 로스팅한 후 14일 이내가 커피 맛이 가장 좋은 상태라고 할 수 있다. 커피의 원두도 식품이기 때문에 주요 4요소 외에도 보존 기간이 그만큼 중요하다. 특히 원두를 분쇄한 상태로 보관하면 산화 속도가 더 빨라진다. 분쇄된 원두는 공기 중의 산소와 접촉하는 부분이 늘어나면서 향미가 날아가기 때문이다. 탄소 가스와 향미 성분은 더 빨리 사라져 사흘만 지나도 거의 사라진다고 보면 된다.

• 커피의 풍미를 살리는 원두 구입과 보관

커피 밀폐 용기

1) 원두 자체로 서늘한 상온에 보관하기

갓 로스팅한 원두는 밀봉하여 서늘한 상온에 보관하면 되는데 로스팅한 뒤 기간이 조금 지났다고 해서 커피의 맛이 완전히 사라지는 것은 아니다. 시간 경과에 따라 변하는 산미를 즐겨 보는 것도 좋다.

구매할 때에는 200g 정도씩 소량 구입하고, 개봉한 원두는 밀폐 용기에 담아 보관하는 것이 좋다. 상온에서는 보통 2주 내로 소비하는 것이 가장 좋은데, 최근 들어 원두가 공기와 접촉하지 않도록 가스 배리

신선한 원두를 로스팅해도 분쇄해서 보관하면 산소의 접촉이 늘어나기 때문에 커피 고유의 향미가 더 빨리 사라진다.

어Gas barrier 기능이 있는 포장 용기에 담겨 판매되는 원두가 많아졌다. '가스 배리어'는 탄산가스를 잘 배출하고 외부 공기를 차단하는 성질을 말하는데, 산화를 막는 식품의 포장재로 가스 배리어성性 재질이 최근 많이 사용되고 있다.

2) 기능성 포장재에 담아 보관하기

원두 판매점에서 포장할 때에는 소비자가 원두를 다른 용기에 옮겨 담는 것을 전제로 포장하기 때문에 비교적 간단한 포장재에 원두를 담아 판매한다. 하지만 시간을 두고 여러 경로를 통해 원두를 배송하는 경우에는 산소나 가스가 통과하기 힘든 가스 배리어 성질의 포장재를 주

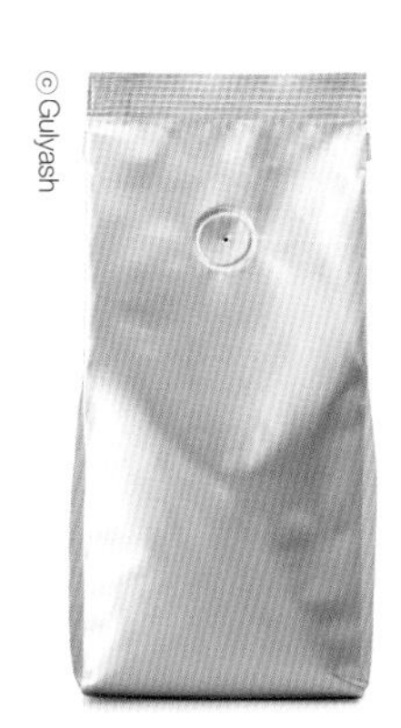
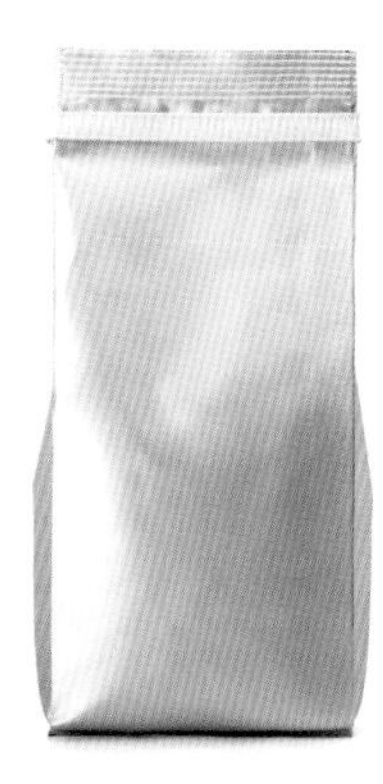

아로마 밸브가 장착된 커피 봉투. 생긴 모양이 마치 사람의 배꼽 모양과 비슷하다고 해서 '배꼽'이라는 별칭이 있다.

로 사용한다. 로스팅 직후의 원두는 이산화탄소를 배출하기 때문에 일반 포장재에 담으면 부풀어 올라 터질 수도 있다. 이런 문제를 해결하기 위해 개발된 것이 바로 아로마 밸브Aroma valve가 장착된 포장재다. 아로마 밸브는 공기가 한쪽 방향으로만 통과하도록 고안된 장치인데, 원두가 담긴 포장재 안의 이산화탄소는 밖으로 배출하고 산소의 접촉은 차단하는 기능 때문에 로스팅 원두를 판매하는 커피 전문점에서 많이 사용한다.

갓 볶은 원두를 바로 분쇄해도 상온에서 사흘 정도 지나면 이산화탄소가 서서히 빠지면서 커피의 향도 날아가기 시작한다. 커피 전문점에서 포장 판매하는 분쇄된 커피를 구입할 때에는 가스 배리어 기능이 높은 포장 용기에 담긴 것을 구입하는것이 좋다.

3) 빛과 습기 차단하기

원두를 판매하는 곳에 따라 투명한 비닐에 포장하는 경우도 있는데 이는 빛을 차단할 수 없어 그대로 보관하는 것은 좋지 않다. 포장 원두를 개봉한 후 투명한 유리 밀폐 용기에 담아 보관할 경우 원두에 빛이 닿지 않도록 천으로 덮어 두거나 햇빛이 들어오지 않는 그늘에 보관하는 것이 좋다. 밀폐 용기를 사용하려면 투명한 유리 제품보다는 불투명한 용기에 보관하는 것이 더 좋다.

최근에는 아로마 밸브가 장착된 커피 봉투를 판매하는 전문 쇼핑몰도 많이 늘고 있다. 아로마 밸브가 장착된 커피 전용 봉투는 대부분 빛을 차단할 수 있는 재질로 되어 있다. 또 외부 공기의 유입을 막고 내부 이산화탄소를 봉투 밖으로 배출하기 때문에 방습 효과도 뛰어나다.

4) 로스팅 날짜 확인하기

일반적으로 원두를 로스팅한 지 14일 이내에 커피를 내리면 가장 맛있는 커피가 된다고 알려져 있다. 원두를 구입할 때에는 되도록 소량으로 구매하고, 믿을 수 있는 원두 판매점에서 로스팅 날짜를 확인하고 사는 것이 좋다. 갓 로스팅한 신선한 커피를 마시면 좋겠지만 구입한 원두가 며칠 지났다고 실망할 필요는 없다. 커피를 즐기는 사람들의 성향과 기호에 따라 각기 취향이 다르겠지만 바로 로스팅한 원두보다 어느 정도 시간이 지난 원두를 선호하는 사람들도 있다. 로스팅한 지 얼마 지나지 않은 원두는 신선한 맛을 주지만 약 일주일 정도 지난 원두에서는 원두 고유의 향이 점점 더 살아나기 시작한다.

그렇다면 로스팅한 지 얼마 정도 지나야 원두 상태가 좋지 않게 될까. 커피의 산패酸敗는 로스팅 후 3주 정도 지나면 급격히 진행된다. 산패 현상은 빛과 온도에 의해 더 빨리 진행되기 때문에 빛을 차단하고 서늘한 곳에 보관하는 것이 중요하다. 보관 상태에 따라 다르지만 약 1개월 정도 안에 원두를 소비하는 것이 좋다.

원두를 구입할 때에는 로스팅 날짜를 확인하는 것이 좋다. 로스팅 날짜는 보통 커피 봉투 표면에 스탬프로 표기한다.

1890~1900년대 독일에서 생산된 사이펀 감압 방식의 커피 메이커(커피커퍼박물관 소장)

커피의 맛

어떤 커피가 진짜 맛있는 커피일까. 우리가 커피를 마시면서 “이 커피 정말 맛 좋다”라고 하는 그 커피의 맛은 어떤 맛일까? 사실 맛을 표준화해서 ‘맛있는 커피는 이런 것이다’라고 정의 내리기는 쉽지 않다. 정확히 말하면 불가능하다고 할 수 있다. 맛은 사람마다 제각기 느끼는 기준이 다르고 식생활의 경험과 문화적 체험까지도 포함하는 매우 복잡한 것이기 때문이다.

청국장을 먹고 정말 맛있다고 하는 사람이 있는가 하면, 외국인들은 냄새조차 맡길 꺼려 한다. 이처럼 맛이란 경험과 개인의 취향에 따라 각기 다를 수밖에 없다. 커피도 예외가 아니다.

하지만 보편적인 기준은 있기 마련이다. 예를 들면 어린아이들은 어떤 편견도 없이 보편적으로 단맛을 좋아한다. 그런데 삭힌 홍어를 맛있다고 느끼려면 홍어를 자주 먹어 봐야 한다. 삭힌 홍어의 맛은 누구나 맛있다고 느끼는 보편적인 맛이 아니기에 경험과 맛에 대한 익숙함이 있어야 비로소 삭힌 홍어의 참맛을 느낄 수 있다.

‘맛있는 커피는 이런 것이다’라고 표준화해서 정의 내리기는 어렵다. 한마디로 정답은 없다. 내 입맛에 맞는 커피가 제일 좋은 커피다.

커피는 기본적으로 쓴맛과 신맛이 나는 음식이다. 한마디로 누구나 좋아하는 보편적인 맛은 아니다. 원두커피를 처음 경험하는 사람에게

© ShotPrime Studio

커피도 수많은 음식 중의 하나이기 때문에 다양한 맛을 경험해 보고 취향에 맞는 것을 찾아내는 것이 중요하다.

커피 맛을 물어보면 너무 쓰다거나 입맛에 맞지 않는다고 답한다. 하지만 평소 차를 마시거나 믹스커피라도 경험한 사람이라면 상대적으로 거부감이 적다.
커피는 로스팅 과정에서 열로 원두를 태우기 때문에 기본적으로 쓴맛을 가지게 된다. 또 커피 열매의 특성상 구연산, 시트르산 등 다양한 산을 포함하기 때문에 신맛이 난다. 커피의 맛을 느끼려면 이 쓴맛과 신맛에 어떻게 익숙해지는가가 중요하다. 그리고 여러 가지 품종과 다양한 커피를 마셔 보고 내 입맛에 맞는 커피를 찾아낸다면 그 커피가 바로 맛있는 커피라고 할 수 있다. 결국 개인의 취향에 따라 커피의 맛이 좌우될 수밖에 없다. 커피 메뉴의 기본이 되는 에스프레소를 중심으로 다양한 커피 메뉴를 살펴보자.

에스프레소 머신은 가늘게 분쇄한 원두 가루를 빠른 시간에 고압으로 추출하기 때문에 진한 커피를 만들어 낼 수 있다.

● 에스프레소

제일 먼저 에스프레소 머신을 발명한 이탈리아 사람들은 물론이고 에스프레소를 즐겼던 많은 유럽 사람들에게는 '커피는 곧 에스프레소다'라는 인식이 강하다. 본래는 커피 추출 기계, 즉 에스프레소 머신을 사용해 고압으로 추출한 커피를 특정해서 에스프레소라고 지칭했지만, 오늘날에는 물을 섞지 않고 원두 자체에서 추출한 커피를 통칭해서 에스프레소라고 한다.

이탈리아어로 '에스프레소Espresso'는 '속달의', '빠른'이라는 의미를 갖고 있다. 명칭에서 알 수 있듯이 매우 빠르게 내린 커피라는 뜻인데, 이는 에스프레소 머신이 고압으로 짧은 시간에 커피를 추출해 낼 수 있었기 때문에 붙여진 이름이라고 할 수 있다.

© Wikipedia

에스프레소 머신을 최초로 발명한 이탈리아의 안젤로 모리온도(1851~1914). 1884년 토리노 엑스포를 통해 에스프레소 머신을 전 세계에 선보였다.

에스프레소 머신은 1884년 이탈리아의 안젤로 모리온도Angelo Moriondo가 처음으로 발명했다. 이 머신은 커다란 보일러로 구성되었고 물과 증기를 독립적으로 제어할 수 있었다. 머신의 발명으로 모리온도는 6년간 특허를 획득하기도 했다. 그 후 몇 년 동안 머신의 성능을 개선했지만 기계가 너무 크고 복잡해서인지 대량생산 단계에는 이르지 못했다.

1901년에는 밀라노 출신의 루이지 베체라Luigi Bezzera가 모리온도가 발명한 에스프레소 머신의 단점을 개선하여 커피를 직접 컵에 추출할 수 있는 증기압 머신을 선보였다. 베체라의 에스프레소 머신은 버너 챔버가 내장된 보일러로 물을 가열한 다음 증기압으로 뜨거운 물을 밀어내 몇 초 만에 커피 한 잔을 만들 수 있었다. 가압 추출 방식으로 빠른 시간에 원두의 성분을 추출할 수 있게 되면서 더욱 좋은 맛과 커피 향을 얻을 수 있었다. 하지만 1903년 베체라는 회사의 경영 여건이 악화되자 데시데리오 파보니Desiderio Pavoni에게 에스프레소 머신 제조에 관한 특허권을 헐값에 전부 양도하게 된다.

그 후 파보니는 이탈리아 커피 시장을 독점하고 1906년 밀라노 국제박람회를 계기로 전 세계에 에스프레소 머신 선두 제조업체의 입지를 확고히 하게 된다. 그런데 기존의 증기압 에스프레소 머신은 압력을 올리는 만큼 물의 온도도 함께 올라가는 심각한 단점이 있었다. 그러자 시그노레 크레모네시Signore Cremonesi라는 발명가가 이런 단점을 보완하여 1938년 새로운 에스프레소 머신을 개발하게 된다. 피스톤펌프를 이용한 새로운 방식의 레버식 머신이었는데, 이 머신은 적정한 온도를 유지하면서도 추출 압력을 가할 수 있다는 장점이 있었다. 뜨거운 물을 끓는점 이상으로 불필요하게 가열하지 않고도 곱게 분쇄된

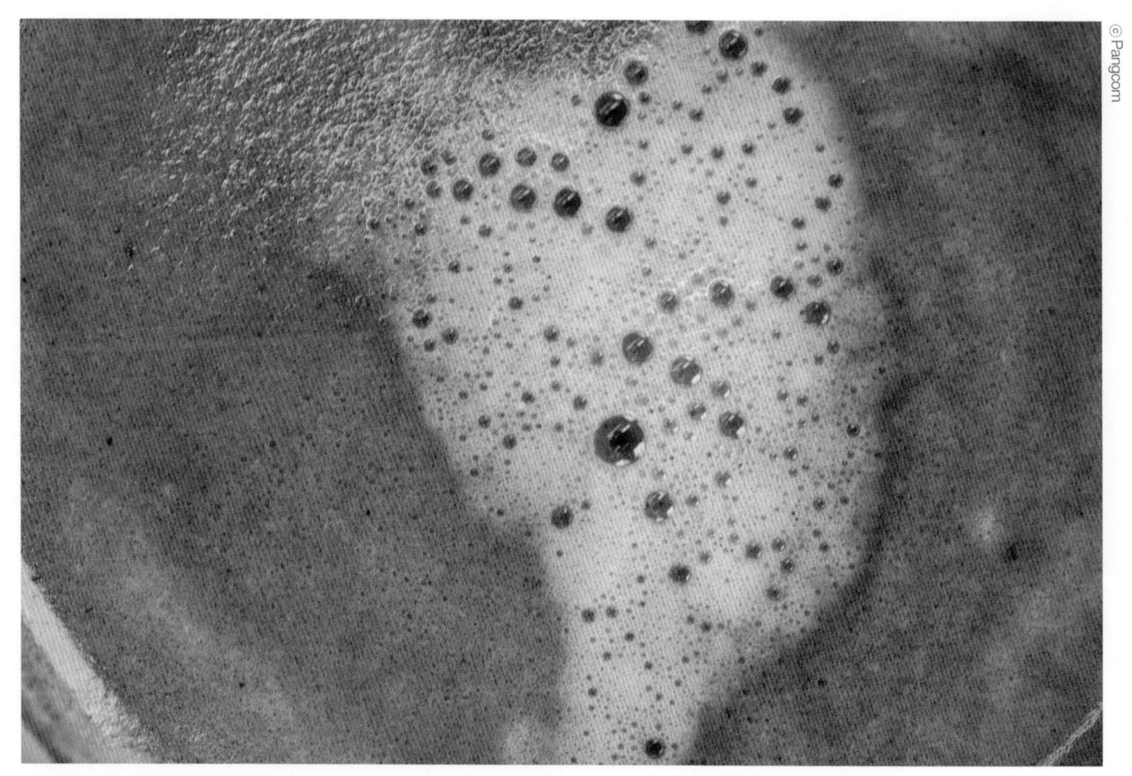

© Pangcom

커피의 맛을 살리는 황금색의 거품 크레마는 원두의 지방 성분과 커피의 수용성 물질이 혼합되는 과정에서 만들어진다.

커피 원두에 물을 직접 내리는 것이 가능해졌다.

같은 해 이탈리아의 아킬레 가자Achille Gaggia는 피스톤식 에스프레소 머신의 특허를 취득하고 1947년에 처음으로 상업용 에스프레소 머신을 생산하게 된다. 오늘날 에스프레소 머신의 원형이 된 이 기계는 추출 압력의 표준을 9기압으로 정하는 계기가 되었다.

피스톤식 에스프레소 머신 덕에 이전에 개발된 에스프레소 머신보다 월등히 높은 압력으로 원두의 섬세한 향과 깊은 맛, 보디감 등을 느낄 수 있게 되었고, 이른바 '크레마Crema'라고 불리는 커피의 거품층을 만들어 낼 수 있었다. 크레마로 인하여 에스프레소커피의 풍미는 더욱 강해졌고, 이 거품은 맛있는 커피의 상징이 되었다.

세계적인 자동차 디자이너 이탈리아의 조르제토 주자로가 디자인한 에스프레소 머신 파에마 E61은 여전히 인기가 높은 최고의 커피 머신이다.

Faema E61

1961년에는 카를로 에르네스토 발렌테Carlo Ernesto Valente가 'Faema E61'이라는 이름의 아름다운 에스프레소 머신을 세상에 선보였다. 이 에스프레소 머신은 자동차 디자이너로 유명한 이탈리아의 조르제토 주자로Giorgetto Giugiaro가 디자인했다. 전기로 펌프를 작동하는 이 머신은 일정한 고압으로 커피 추출이 가능한 제품이었다. 조르제토 주자로는 람보르기니와 페라리, 마세라티 등 수많은 자동차를 디자인했고 우리나라 현대자동차의 포니를 디자인한 인물이기도 하다. 파에마 E61은 세월이 많이 지났어도 전문 바리스타와 커피 컬렉터들에게 여전히 인기가 높은 대표적인 에스프레소 머신이다.

오늘날 에스프레소 머신은 짧은 시간에 커피 고유의 향미를 추출해 낼 수 있다는 장점 때문에 커피 전문가들에게 없어서는 안 되는 필수불가결한 것이 되었다.

커피 메뉴

에스프레소를 기본으로 하고 물과 우유, 아이스크림, 얼음, 설탕, 초콜릿 등을 어떻게 첨가하느냐에 따라 다양한 커피가 만들어진다. 커피 메뉴는 국가별로 조금씩 첨가물이 다르고 부르는 명칭에도 차이가 있다. 또 만드는 방법에 따라 그 종류가 수십 가지에 이른다. 여기서는 가장 기본적인 몇 가지만을 살펴보기로 한다.

● 에스프레소
물을 섞지 않고 원두 자체를
고압의 머신으로 추출한 진한 커피

● 아메리카노
에스프레소에 물을 섞어
연하게 만든 커피

● 카푸치노
우유에 에스프레소를 넣고
우유 거품을 올린다. 필요에 따라
계핏가루를 첨가하기도 한다.

● 카페라테
에스프레소에 우유를 넣고
맨 위에는 우유 거품을 올린다.

● 카페비엔나
에스프레소에 물을 넣고
휘핑크림을 올린다. 필요에 따라
계핏가루 등을 첨가하기도 한다.

● 카페모카
에스프레소에 초콜릿 시럽,
우유를 넣는다. 필요에 따라
휘핑크림을 올리기도 한다.

© Momo2u

얼음이 들어간 아이스아메리카노는 더운 여름에 즐기는 커피였지만 최근에는 사계절 내내 인기가 높은 커피 메뉴가 되었다.

● 아메리카노

아메리카노는 진한 에스프레소에 물을 섞어 연하게 만든 것인데, 커피의 농도는 드립 커피 정도와 비슷하다. 연한 커피를 즐겼던 미국에서 시작하여 전 세계로 퍼져 나갔기 때문에 '아메리카노'라는 명칭이 붙었다. 제2차 세계대전 당시 미군에 보급된 에스프레소커피에 군인들이 물을 섞어 마시면서 크게 유행했다는 설이 있지만 명확한 것은 아니다. 하지만 커피의 보급과 함께 오늘날 가장 많은 사람이 마시는 대표적 커피 메뉴가 되었다. 최근 우리나라에서는 얼음을 넣은 아이스아메리카노가 선풍적인 인기를 끌고 있다. 샷을 추가해서 좀 더 에스프레소의 진한 맛을 느끼려는 마니아도 점차 늘어나고 있다.

ⓒNitr

맛있는 카푸치노를 만들려면 우유 거품이 매우 중요하다. 우유 거품은 곱고 풍성해야 하며 커피와 조화를 이루어야 한다.

● 카푸치노

카푸치노는 에스프레소에 우유를 넣고 맨 위에 우유 거품을 올려서 만든다. 거품이 얼마나 곱고 부드러운지에 따라 향미가 다르기 때문에 풍성한 거품을 내기 위해 보통 거품기를 이용해 우유 거품을 만들게 된다. 에소프레소에 우유를 섞는다는 면에서는 카페오레나 카페라테와 비슷하지만 우유의 함량이 적기 때문에 좀더 진한 커피 맛을 느낄 수 있다. 우유 거품 또한 카페라테보다 카푸치노에 더 많이 들어가는데, 이 거품 때문에 마실 때 입가에 우유 거품이 묻게 된다. 근래에 들어서 우유 거품 위에 계핏가루나 코코아파우더를 뿌리기도 하는데, 처음 카푸치노를 만들어 마셨던 오스트리아에서는 사용하지 않던 제조법이다.

ⓒ Nopphon_1987

카페라테는 보통 에스프레소와 우유의 비율을 1:4 정도로 섞기 때문에 우유의 부드러운 맛을 느낄 수 있다.

● 카페라테

카페라테는 에스프레소에 우유를 섞어 비교적 쉽게 만들 수 있다. '라테Latte'는 이탈리아어로 '우유'를 뜻한다. 카페라테는 한마디로 '커피에 우유를 넣어 마시는 음료'라는 뜻이다. 커피를 즐겨 마셨던 유럽에서 아침에 식사 대용으로 커피에 우유를 넣어 마시게 되면서 오늘날의 카페라테가 탄생되었다. 에스프레소에 우유를 넣어 마시면 우유의 성분에 의해 에스프레소가 희석되면서 부드러운 맛과 함께 우유 특유의 고소한 맛도 함께 느낄 수 있다.

짙은 갈색의 에스프레소에 흰 우유를 섞을 때 나뭇잎이나 동물의 모양 등을 표현하면서 '라테아트Latte Art'가 생겨나기도 했다.

© Pitchyfoto

카페비엔나는 아메리카노에 휘핑크림을 올려 만들지만 부드러운 맛을 내기 위해 물 대신 우유를 넣기도 한다.

● 카페비엔나

카페비엔나는 에스프레소에 물을 섞고 휘핑크림을 올린 것인데, 에스프레소에 물을 섞는다는 점에서 쉽게는 아메리카노에 휘핑크림을 올린 것이 카페비엔나라고 보면 된다. 휘핑크림으로는 차가운 생크림을 사용하는 경우가 많은데 이렇게 하면 따뜻한 커피와 생크림이 대조적인 조화를 이루면서 여러 가지 맛을 느낄 수 있다. 달콤한 휘핑크림을 먹고 나서 남아 있는 커피를 마시면 상대적으로 쓴맛이 강하기 때문에 보통 설탕을 먼저 넣고 커피와 휘핑크림을 올린다. 카페비엔나에는 휘핑크림 위에 땅콩, 아몬드 등의 견과류를 올리기도 하고, 다양한 색깔을 내는 설탕이나 초콜릿으로 장식해 모양을 내기도 한다.

© Brent Hofacker

카페모카는 에스프레소에 우유와 초콜릿 시럽을 넣고 만드는데, 기호에 따라 휘핑크림 대신 아이스크림을 올리기도 한다.

● 카페모카

에스프레소에 우유와 초콜릿 시럽을 넣으면 카페모카가 된다. 예멘의 모카커피가 특유의 초코릿 향을 가지고 있었기 때문에 카페모카는 초콜릿 시럽으로 모카커피의 특성을 살린 것이라고 보면 된다. 휘핑크림은 카페모카를 만드는 데 꼭 필요한 것은 아니지만 커피 전문점에서 판매되는 카페모카에는 대부분 휘핑크림이 올라간다. 휘핑크림 위에는 초콜릿 소스를 뿌리기도 하는데 카페라테처럼 초콜릿 소스로 모양을 내기도 한다. 초콜릿 소스와 휘핑크림, 그리고 초콜릿 시럽까지 들어가기 때문에 카페모카는 기본적으로 단맛이 강하다. 휘핑크림을 많이 올릴 경우에는 우유의 양을 조금 줄여 맛의 밸런스를 맞추는 것이 좋다.

커피 추출 도구

좋은 원두를 구입해서 집이나 사무실에서 직접 커피를 내렸을 때, 왠지 카페보다 맛이 덜하다고 느낄 때가 있다. 이것은 커피 전문점에서 커피를 추출하는 방식과 집에서 커피를 내리는 것에 차이가 있기 때문이다. 커피 전문점에서는 보통 에스프레소 전용 머신을 사용하여 커피를 추출하지만 가정이나 사무실에서는 소형 커피 머신이나 핸드드립으로 커피를 추출하기 때문에 고압으로 빠르게 추출하는 에스프레소의 맛을 따라가기는 사실 어렵다. 또 같은 핸드드립이라도 도구를 다루는 사람의 기술이 각기 다르기 때문에 맛의 차이가 생길 수 있고, 원두의 굵기나 추출하는 시간에 따라서 커피 맛에 변화가 생기기도 한다.

커피를 추출하는 도구와 방식은 핸드드립, 프렌치프레스French press, 에스프레소 머신 등 그야말로 다양하고 그 종류도 수없이 많다.

일반적인 드립커피는 대부분 깔때기처럼 생긴 드리퍼Dripper에 종이로 된 필터를 끼운 뒤, 그 위에 분쇄한 원두 가루를 넣고 뜨거운 물을 부어 중력으로 추출하는 방식이다. 프렌치프레스는 원기둥형 용기에 원두 가루를 넣고 뜨거운 물을 부은 뒤, 금속제 필터를 원통에 끼워 누르면서 가루와 액체를 분리시켜 커피를 추출하는 방식이다. 원통형 용기에 거름망이 달린 뚜껑이 일체형으로 되어 있기 때문에 비교적 쉽게 커피를 추출할 수 있다. 에스프레소 머신은 앞에서 설명한 것처럼 고압으로 빠른 시간에 진한 커피를 추출하는 방식이다. 이 밖에도 사이펀이나 에어로 프레스Aero press, 워터 드립Water drip 등 다양한 추출 방식이 있다. 그렇다면 가장 널리 사용되는 대표적인 커피 추출 도구를 몇 가지 살펴보자

• 핸드드립

기계를 사용하지 않고 사람이 직접 손으로 내린다고 해서 '핸드드립'이라고 부른다. 뜨거운 물로 커피의 성분을 용해하고 침출, 여과하는 추출 방식이다. 사람이 직접 커피를 우려내므로 물의 온도나 물을 떨어뜨리는 속도, 원두의 분쇄 정도에 따라 맛이 다르고 드립하는 기술에 따라서도 전혀 다른 커피 맛을 내기도 한다.

핸드드립은 거름 장치로 필터를 사용하기 때문에 '필터 커피Filter coffee'라고도 부르는데, 드립커피에서 필터는 매우 중요한 역할을 한다. 커피를 내릴 때 사용하는 필터는 독일의 멜리타 벤츠Melitta Bentz가 1908년 처음 개발해 드립커피의 시초가 되었다.

© Ratchawoot

핸드드립에 필요한 도구들

평범한 주부였던 멜리타 벤츠는 1908년 현대식 커피 필터를 처음으로 개발했다. 멜리타 드리퍼와 필터는 드립커피의 확산에 커다란 역할을 했다.

벤츠는 커피를 내릴 때 원두 찌꺼기가 자꾸 커피에 들어가자 찌꺼기를 걸러 낼 방법을 찾다가 우연하게 압지押紙를 둥글게 말아 사용해 보고는 커피 필터를 발명하게 되었다. 벤츠가 살았던 1900년대 초반만 해도 대부분의 커피는 터키식으로 제조해서 마시던 시절이었다. 터키식 커피 제조는 커피 가루를 걸러 내지 않고 가라앉히기 때문에 아무리 조절을 잘해도 찌꺼기가 커피에 들어가게 된다.

그런데 압지는 종이 성분이라 압지를 놓고 커피를 부으면 찌꺼기가 고스란히 압지에 남았다. 압지는 펜으로 글씨를 쓸 때 잉크가 번지거나 묻어나지 않도록 눌러서 잉크를 빨아들이는 종이인데, 벤츠는 이 압지를 사용해 보고는 순간 커피 필터를 고안해 냈던 것이다. 1908년에 벤츠는 이 발명품으로 특허를 취득했고 곧바로 필터를 생산하는 회사를 세우게 된다.

종이 필터의 개발로 핸드드립이 널리 보급될 수 있었다. 그러나 페이퍼드립Paper drip이 간편함은 있지만 좋은 커피 맛을 내기는 의외로 쉽지 않다. 그 이유는 분쇄한 원두의 굵기와 양, 물의 온도 등 커피 맛을 결정하는 변수가 많고, 드립하는 사람에 따라 추출 시간과 물을 내리는 속도가 달라서 커피 맛이 미묘하게 차이가 나기 때문이다. 하지만 추출 시간과 물을 붓는 방법을 기본적으로 잘 이해한다면 원두가 지닌 고유의 향미를 어느정도 끌어낼 수 있다.

핸드드립에는 페이퍼드립 외에도 융絨드립이 있다. 융드립은 천으로 된 주머니를 필터로 사용하는 것인데, 벤츠가 종이 필터를 개발하기 이전부터 사용했던 방식이다. 융 주머니는 천의 특성상 찌꺼기와 커피의 유분이 남기 때문에 관리가 어려운 편이다. 그렇다면 핸드드립에 필요한 기본적인 도구에 대해 알아보자.

– 핸드밀

핸드밀은 원두를 밀 안에 넣고 손잡이를 직접 돌려 가며 분쇄하는 도구인데, 구조상 분쇄 정도를 세세하게 조정하기는 어렵다. 1~3인용에는 적합하지만 여러 잔의 커피를 내리기에는 적합하지 않은 단점이 있다. 최근에 비교적 저렴한 전동 그라인더가 많이 출시되어 핸드밀을 빠르게 대체하는 추세이지만 전통적인 방식을 고집하는 마니아들은 여전히 핸드밀을 사용하기도 한다. 전동 그라인더는 사용의 편리함은 있지만 기계의 특성상 원두를 분쇄할 때 열을 발생시킨다. 이 열이 커피 맛에 좋지 않은 영향을 준다고 알려져 있어 번거롭지만 핸드밀을 사용하는 전문가가 많다. 핸드밀도 어느 정도 열이 발생할 수 있기 때문에 원두를 갈 때 너무 빠른 속도로 손잡이를 돌리지 않고 일정한 속도로 원두를 분쇄하는 것이 중요하다.

핸드밀

– 드리퍼

드리퍼는 커피를 추출, 여과하는 도구로 보통 페이퍼 필터를 끼워 서버 위에 올려 놓고 사용한다. 드리퍼의 재질은 플라스틱, 도기, 유리, 동, 스테인리스 등 다양하며 모양은 깔때기 형태로 되어 있다. 가격은 플라스틱 제품이 저렴하고 스테인리스나 동으로 된 제품이 비교적 비싼 편이다. 드리퍼에는 대부분 '리브Rib'라는 골이 파여 있다. 리브는 물을 부을 때 드리퍼와 페이퍼 필터 사이에 공간을 만들어 물의 흐름을 원활하게 하여 추출에 도움을 준다. 하지만 구조적으로 리브가 없는 제품도 있다. 제조사에 따라 드리퍼 바닥에 뚫려 있는 구멍의 개수나 크기도 각기 다르고, 크기도 1~10인용까지 다양해 용도에 맞춰 선택하면 된다.

드리퍼

페이퍼 필터

– 페이퍼 필터

커피를 추출할 때 원두 가루를 걸러 내는 여과지로 1회용이다. 금속 재질의 필터도 있는데 계속해서 사용할 수 있는 반면에 커피의 오일이나 미분 등을 걸러 내지 못하는 단점이 있다. 페이퍼 필터는 제조사별로 크기와 모양이 다르기 때문에 사용하는 드리퍼에 맞는 것을 선택해야 한다. 시중에서 판매되는 페이터 필터에는 산소 표백을 한 흰색 페이퍼와 표백하지 않은 옅은 갈색 페이퍼가 있다. 어느 것이든 커피 맛에 영향을 주는 종이 냄새나 얼룩이 있는 것은 피해야 한다.

서버

– 서버

서버Server는 추출된 커피를 담아내는 용기로 추출되는 커피를 확인하기 쉽도록 투명한 유리 제품이 주로 사용된다. 서버 옆면에는 보통 커피 용량을 체크할 수 있도록 눈금이 표시되어 있다. 핸드드립을 할 때 서버 위에다 드리퍼와 페이퍼 필터를 올리고 커피를 추출하게 된다. 서버 역시 제조사별로 모양과 크기가 각기 다르기 때문에 반드시 드리퍼의 크기에 맞춰 구입해야 한다.

드립 포트

– 드립 포트

드립 포트Drip pot는 물줄기를 가늘게 내릴 수 있느냐 없느냐가 매우 중요하다. 일반 주전자는 크고 무거워서 물줄기를 조절하기 어렵다. 따라서 드립 포트는 물줄기 조절에 용이하도록 주둥이가 길고 완만한 곡선형으로 되어 있다. 드립 포트를 고를 때에는 주전자의 밑바닥이 넓은 사다리꼴 형태가 좋다. 사다리꼴 모양의 드립 포트가 물을 내릴 때 일반형보다 정교한 드립을 할 수 있다.

● 프렌치프레스

프렌치프레스는 분쇄한 원두 가루를 넣고 간단히 우려내면 되기 때문에 비교적 다루기 쉬운 도구다. 끓인 물을 붓고 3~4분이 지난 뒤 금속 필터를 아래로 밀면서 물과 가루를 분리시킨 후 커피 잔에 따르면 된다. 그런데 원두를 핸드드립을 할 때보다는 굵게 갈아야 한다. 가늘게 분쇄된 가루를 넣으면 가루가 금속 필터를 통과해 걸러지지 않는다. 금속 필터는 원두 가루가 끼거나 커피 오일 성분이 묻어나기 쉽기 때문에 기구 세척이 까다롭다는 단점이 있다. 하지만 프렌치프레스는 딱히 특별한 기술과 복잡한 과정을 거치지 않아도 쉽게 커피를 즐길 수 있다는 장점 때문에 널리 사용되는 커피 도구다.

© Glass Frog

프렌치프레스는 원두를 그대로 우려내기 때문에 커피의 풍부한 맛을 느낄 수 있다.

● 모카 포트

모카 포트Mocha pot는 포트에 직접 열을 가해 에스프레소를 추출하는 도구다. 가열된 물에서 발생하는 증기압으로 커피를 추출하는 방식인데, 커다란 에스프레소 머신에 비해 간편하고 비용이 저렴하기 때문에 진한 커피를 좋아하는 유럽인들이 가정에서 많이 사용한다. 물의 양을 조절해서 아메리카노 농도의 커피도 추출할 수 있다. 재질은 스테인리스나 도자기로 되어 있는 것도 있지만 알루미늄으로 된 모카 포트가 가장 널리 사용된다. 모카 포트로 커피를 추출하려면 원두가 핸드드립을 할 때보다 더 곱게 갈려야 하기 때문에 절삭력이 좋은 핸드밀을 사용하거나 전동 그라인더를 사용하는 것이 좋다.

© Christian Horz

모카 포트는 수중기의 압력을 이용해 비교적 쉽고 간단하게 진한 커피를 추출할 수 있다.

모카 포트를 발명한 아버지의 사업을 이어받아 '모카 익스프레스'를 세계적인 커피 메이커로 성장시킨 레나토 비알레티.

모카 포트의 대표적 브랜드인 비알레티의 마스코트와 모카 익스프레스

모카 포트는 1933년에 이탈리아의 알폰소 비알레티Alfonso Bialetti가 세상에 처음 선보였다. 엔지니어였던 비알레티는 누구나 쉽게 에스프레소를 즐길 수 있도록 하기 위해 가정용 모카 포트를 발명했다. 그는 자신의 이름을 딴 '비알레티Bialetti'라는 회사를 설립하고 1934년부터 본격적으로 모카 포트를 생산했지만 기대 이상의 사업적 성공은 이루지 못했다. 제2차 세계대전 전후로는 알루미늄이 전쟁 물자로 사용되면서 거의 동이 나 제품 생산도 쉽지 않았다.

위기 상황에서 비알레티를 구해 낸 것은 그의 아들 레나토 비알레티Renato Bialetti였다. 1946년 레나토 비알레티는 복잡했던 모카 포트 제품 라인을 단일화하고 '모카 익스프레스Mocha Expree'라는 단일 브랜드로 승부하는 전략을 세웠다.

레나토 비알레티가 모카 익스프레스를 광고하기 위해 제작한 4컷 만화. 어떠한 설명이나 안내 문구도 없이 오직 그림만으로 모카 포트의 편리성을 직관적으로 보여 주고 있다.

© Mercury Green

팔면체 금속 보디로 이루어진 모카 포트는 초기 디자인 모델에서 별다른 변화 없이 클래식한 형태를 여전히 유지하고 있다.

레나토 비알레티의 기발하면서도 매우 공격적인 마케팅과 뛰어난 사업 수완 덕분에 모카 익스프레스는 이탈리아를 넘어 전 세계 시장으로 팔려 나가기 시작했다. 콧수염을 길렀던 레나토 비알레티의 모습은 제품을 알리는 마스코트로도 사용되었는데, 이는 소비자에게 친숙하게 다가가는 브랜드 효과를 거두어 비알레티사의 성공적 이미지가 되기도 했다. 초기 7만 대 정도의 판매에 그쳤던 모카 익스프레스는 2001년에는 2억 개 판매를 돌파했고, 현재까지 약 3억 개 이상의 판매고를 올렸다. 레나토 비알레티는 93세의 나이로 사망했는데, 그의 유해는 모카 포트에 담겼고 성대한 장례식이 거행되었다.

● 커피 메이커

커피 메이커는 분쇄한 원두 가루를 필터에 담고 물통에 물을 채워 넣은 다음 전원을 켜면 자동으로 물이 끓면서 커피가 추출되는 방식이다. 전기를 이용한 일종의 자동 드립 도구라고 할 수 있다. 추출하는 시간이 비교적 빠르고 편리하기 때문에 가정이나 사무실에서 쉽게 볼 수 있다. 정해진 구멍의 위치로 물이 떨어지는 구조라 필터에 담긴 원두 가루 전체에 골고루 물이 닿지 않는 단점이 있다. 또 진한 커피를 내릴 수 없다는 단점도 있지만 반대로 순한 커피를 좋아하는 사람들에게는 좋은 도구가 될 수 있다. 보온 기능이 있는 제품이 많은데, 보온 상태로 장시간 놔두면 커피 향이 날아가 맛이 없게 된다.

커피 메이커는 쉽게 다룰 수 있다는 편리성 때문에 가정이나 사무실에 널리 보급될 수 있었다.

고트롭 비트만은 1954년 전기식 커피 메이커를 처음 개발하고 자신의 이름에서 착안한 회사 Wigomat를 설립하여 다양한 커피 메이커를 만들어 냈다.

고트롭 비트만이 개발한 전기 커피 메이커 'Wigomat 100'(1958년도 제품)

오늘날 전 세계 가정에 널리 보급된 전기식 커피 메이커는 1954년에 독일의 고트롭 비트만Gottlob Widmann이 처음으로 개발해 상품화했다. 그 후 모양이나 재질의 변화를 시도한 다양한 제품이 출시되었지만 현재의 커피 메이커 구조나 형태는 초기 개발된 커피 메이커와 커다란 차이는 없다. 커피 메이커가 편리한 가정용 전기제품의 하나로 자리 잡으면서 수요 또한 커진 상황이라 웬만한 글로벌 가전제품 회사들은 저마다의 커피 메이커 제품들을 생산하고 있다.

커피 메이커로 커피를 추출할 때에는 마시는 양만큼만 내리는 것이 좋다. 커피가 추출된 다음에도 전원을 끄지 않고 그대로 두거나 보온 상태로 두는 사람들이 많은데, 그보다는 식은 커피를 데워 마시는 것이 커피 맛은 더 좋다.

● 더치커피

더치커피Dutch coffee는 찬물 또는 상온의 물로 장시간에 걸쳐 추출하는 커피를 말한다. 과거 식민지에서 유럽으로 커피를 운반하던 네덜란드 선원들이 처음 마시기 시작해서 현재에 이르렀다고 하는 설이 있는데, 정확한 문헌적 근거는 없다. 명칭에서 알 수 있듯이 더치커피는 '네덜란드Dutch 풍의 커피'라는 뜻인데, 최근에는 커피 전문점을 중심으로 '콜드브루Cold brew 커피'라는 명칭을 더 많이 사용한다. 분쇄한 원두를 더치커피 전용 기구에 넣고 짧게는 3~4시간, 길게는 12시간 가량 커피 원액을 추출하는 방식이다. 더치커피는 장시간에 걸쳐 한 방울씩 커피를 추출하기 때문에 커피 맛이 비교적 부드럽다.

© Songyut Hirunmapron

더치커피는 추출하는 시간이 길고 대량으로 생산할 수 없다는 단점 때문에 널리 확산되지는 못하고 있다.

ⓒ Chz_mhOng

더치커피는 추출 시간에 따라 물방울이 떨어지는 속도가 다른데, 추출 시간이 길수록 물방울이 떨어지는 속도도 길게 해야 한다.

더치커피의 추출 방법은 크게 점적식點滴式과 침출식浸出式으로 나눌 수 있다. 카페에서 흔히 볼 수 있는 점적식은 물을 커피 원두에 한 방울씩 천천히 떨어트리는 방식이다. 침출식은 분쇄한 원두와 물을 기구에 함께 넣고 긴 시간 동안 서서히 추출하는 방식이다. 10시간 정도 지나면 커피 찌꺼기를 걸러내고 마실 수 있다. 더치커피는 마치 눈물이 떨어지는 것 같다고 하여 '커피의 눈물', '천사의 눈물'이라 부르기도 하는데, 뜨거운 물로 추출하는 방식의 커피보다 카페인의 양이 적다고 알려져 있다.

더치커피의 맛은 뜨거운 물로 내린 커피와는 여러 면에서 확연히 다르다. 찬물로 오랜 시간 추출한 커피는 쓴맛이 덜하고 부드러운 보디감과 함께 커피의 풍미를 느낄 수 있는데, 이를 하루 정도 냉장 보관을 하면 더욱 강한 풍미의 커피 맛을 느낄 수 있다. 최근 커피 전문점에서는 더치커피에 물이나 얼음을 넣어 희석하고, 우유나 시럽을 타서 판매하는 경우가 많다.

세계 각국의 커피 축제

햇살 좋은 창가에서 한가로이 음악을 들으며 커피 한 잔을 음미하는 시간을 마다할 사람이 있을까. 특히 커피를 사랑하는 사람이라면 그지없이 황홀한 순간일 것이다. 커피를 사랑하는 사람들이 늘어남에 따라 개인의 기호품에 그치지 않고 함께 커피를 맛보고 즐기는 이른바 축제 형식의 커피 문화가 늘어나고 있다. 국내는 물론이고 세계 각국에서 커피 마니아들이 좋아할 만한 축제들이 해다마 하나둘 생겨나고 있다. 규모나 역사적 측면에서 잘 알려진 전통적인 커피 축제와 새롭게 주목할 만한 커피 축제를 살펴보자.

● 하와이 코나 커피 축제(KCCF)

이 커피 축제는 1970년에 시작하여 2018년 48회까지 개최되어 아주 오랜 역사와 전통을 자랑하는 축제다. 하와이섬 서쪽에 위치한 코나 지역에서 매년 열린다. 커피 마니아들로부터 커다란 사랑을 받고 있는 하와이 코나 커피 축제는다양한 주제로 이벤트가 펼쳐지는데, 커피를 수확하는 시기인 11월에 맞춰 보통 10일 간의 일정으로 열린다.

축제 기간에는 커피가 재배되는 커피 농장을 방문해 직접 커피 열매를 따 보는 체험을 할 수 있고, 커피 레시피를 선보이는 레시피 콘테스트, 무료 커피 시음 행사 등을 즐길 수 있다. 화려한 거리 퍼레이드와 야외 음악회, 미스 코나 커피 선발 대회 등도 참관할 수 있다. 축제의 하이라이트는 최고의 코나 커피를 선정하는 '커피 품평회' 행사다. 세계적으로 사랑받는 코나 커피 중에서 그해에 가장 사랑받는 커피를 선정하다 보니 관광객은 물론 전 세계 취재진의 눈과 귀

역사와 전통을 자랑하는 하와이 코나 커피 축제 기간에는 하와이를 상징하는 화환을 특별히 커피 열매로 만들어 관광객들에게 나누어 준다.

가 쏠려 해마다 열기가 뜨겁다. 세계의 커피 전문가들을 초빙해 엄격한 기준에 따라 최고 품질로 인정받은 코나 커피에 수상의 영광이 돌아간다.

제46회 하와이 코나 커피 축제 포스터

● 런던 커피 페스티벌

런던 커피 페스티벌은 매년 4월 즈음 '커피 주간'이라 불리는 기간에 영국 런던에서 열린다. 행사는 런던의 브릭레인Brick Lane 거리를 중심으로 동시다발적으로 열리기 때문에 축제 기간에 별도의 지도를 제작해 배포하기도 한다. 이 커피 축제는 커피 애호가들은 물론 세계적인 바리스타들이 참가하는 이벤트가 있어 현장에서는 티켓 구매가 어려울 정도로 인기가 높다.

단순한 커피 홍보에 그치지 않고 유명 바리스타들이 직접 품질 좋은 커피를 선보여, 커피 문화의 최신 트렌드를 파악할 수 있다는 점에서 업계 관계자와 소비자 모두 관심이 높은 축제로 알려져 있다.

2016년 런던 커피 페스티벌의 커피 테스트 챌린지 모습

2017년 런던 커피 페스티벌 포스터

2015년부터는 '커피 마스터스'를 뽑는 바리스타 대회도 개최하고 있는데 해마다 참가자가 늘고 있다.

런던 커피 페스티벌 기간에는 유명 바리스타들이 수많은 관객들 앞에서 다양한 커피를 추출해 보이는 이벤트가 펼쳐진다.

또 '파에마Faema', '라마르조코La marzocco', '라스파치알레LaSpaziale', '까리말리Carimalli' 등 이름만 들어도 알 만한 전통적인 에소프레소 머신 브랜드를 한자리에서 만나 볼 수 있는 기회이기도 하다. 4월에 런던을 여행 중이라면 꼭 가 볼 만한 축제다.

2018년 밀라노 커피 페스티벌 홍보 포스터

● 밀라노 커피 페스티벌

에소프레소의 나라답게 이탈리아에서도 멋진 커피 축제가 열린다. 이 축제가 기획된 것은 다분히 런던 커피 페스티벌의 성공에 자극받은 이탈리아 커피 산업계의 각성에서 비롯된 듯 보인다. 커피에 관한 한 오랜 역사와 무한한 애정을 가지고 있는 이탈리아 사람들에게 이렇다 할 커피 축제가 없다는 것이 오히려 부자연스러운 일이었을 것이다.

2018년 밀라노 커피 페스티벌에 후원사로 참가한 파에마의 행사 홍보 포스터

2015년 베트남 부온마투옷 커피 축제 오프닝 행사와 축제 홍보 포스터. 부온마투옷 커피 축제는 2년에 한 번 3월에 개최되는데, 같은 기간에 이벤트와 문화 축제가 함께 열려 다양한 볼거리를 제공한다.

2018년 5월 19일부터 3일간의 일정으로 개최된 밀라노 커피 페스티벌은 커피와 관련된 다양한 주제의 프로그램을 선보여 커다란 주목을 받았다. 이 축제에서는 전문가들이 참여하는 워크숍을 비롯하여 교육적인 프로그램과 커피 마스터들의 콘테스트, 시연과 시음, 라이브 음악 공연 등 다양한 프로그램을 선보였다.

밀라노 커피 페스티벌 주최 측은 커피 산업에 종사하는 사람들이 함께 모여 새로운 트렌드를 선보일 수 있도록 후원하고, 축제가 전문가들 간의 수준 높은 토론과 활발한 사업 교류의 장이 될 수 있도록 프로그램과 공간을 제공한다. 5월에 개최된 커피 축제의 성공에 힘입어 2018년 11월 30일부터 12월 2일까지 스파치오펠로타Spazio Pelota에서 두 번째 축제가 열렸다. 2019년 축제는 11월 30일부터 12월 2일로 예정되어 있다.

● 베트남 부온마투옷 커피 축제

베트남의 부온마투옷Buôn Ma Thuột 커피 축제는 2년마다 개최되는데, 베트남 로컬 기업과 외국계 기업이 참가하는 지역 축제다. 캄보디아와 국경을 접하고 있는 닥락Dak Lak 지역 일대에서 생산되는 커피와 관련 제품의 홍보를 위해 보통 3월에 축제가 열린다. 베트남은 세계적인 커피 생산국이자 수출국으로 그중 닥락은 커피 수출량의 70% 이상을 차지할 만큼 베트남 최대의 커피 생산지다. 연간 생산량이 45만 톤에 이른다.

닥락은 로부스타종이 특히 많이 생산되는 지역이라 축제 기간에는 로부스타종이 주로 전시되지만 카티모르Catimor, 티피카, 버번, 카투아이 등의 아라비카종과 로스팅 과정에서 아라비카종과 로부스타종을 혼합한 원두, 족제비의 배설물에서 골라낸 위즐 커피Weasel coffee 등도 관람객들에게 선보인다.

축제장을 방문하면 베트남의 다양한 커피를 무료로 즐길 수 있는데, 2017년에 열린 제6회 축제에서는 약 2만 잔에 가까운 커피가 방문객들에게 무료로 제공되었다고 한다. 커피 워크숍을 비롯해 상인들의 거리 축제, 바리스타 선발 대회, 커피 장비 전시회, 코끼리 경주 축제 등 베트남만의 문화가 담긴 다양한 이벤트를 체험할 수 있는 이색적인 커피 축제다.

베트남 핀

● 도쿄 커피 페스티벌

2015년 처음 시작된 일본의 도쿄 커피 페스티벌은 1년에 여러 번 계절마다 열리는 것이 특징이다. 행사는 보통 토요일과 일요일, 주말에 이틀간의 일정으로 도쿄 아오야마에 위치한 유엔 대학UNU 캠퍼스 중앙마당을 중심으로 펼쳐진다. 재미난 것은 커피 축제가 열리는 기간에 신선한 농산물을 판매하는 파머스 마켓Farmer's market이 같은 장소에 함께 열려 다양한 볼거리를 제공한다는 것이다. 파머스 마켓은 유기농으로 재배한 채소와 과일 등을 농부가 직접 판매하는 마켓이다. 와

도쿄 커피 페스티벌 공식 포스터

인이나 다양한 유기농 제품들을 구매할 수 있다.

도쿄 커피 페스티벌에는 수많은 바리스타들이 참여해 저마다의 커피를 선보이기도 하고 행사의 자원봉사자로도 활동한다. 이 축제에서는 국제적 문화 교류를 위해 저명한 로스터, 세계적인 바리스타들을 초청해 워크숍이나 토론회를 개최하는데, 특정 행사장에는 소수만 입장할 수 있고 입장료도 제법 비싼 편이다. 그런데 대중적인 행사 외에 전문가들만 참여하는 행사가 가능한 것은 커피를 만들고 판매하는 전문가들이 새로운 것을 수용하고 배우려는 열정이 강하기 때문이다. 단순히 제품을 소개하고 소비하는 축제가 아니라 커피 산업 종사자 간의 활발한 지적 교류가 이루어진다는 점에서 의미 있는 커피 축제라고 할 수 있다.

제1회 강릉커피축제의 홍보 포스터. 홍보 문구처럼 강릉에 새로운 커피 문화가 꽃피우길 바라며 커피 축제가 탄생되었다.

도쿄 커피 페스티벌은 비교적 작은 규모의 일본 내 로컬 로스터들의 참여가 매우 활발한 축제인데, 해마다 축제를 즐기려는 사람들이 늘어나는 추세다. 몇몇 우리나라 로스터들의 참여도 이어지고 있다. 계절마다 열리는 만큼 도쿄를 방문할 일이 있으면 축제에 참여해 보는 것도 좋을 것 같다.

● 강릉커피축제

강릉커피축제는 2009년 10월에 처음 시작되어 2018년 어느덧 10회를 맞이했다. 하지만 강릉이 오늘날 축제를 개최할 만큼 '커피의 도시'로 거듭나게 된 것은 그리 오래되지 않았다. 강릉

강릉 안목해변에 2001년 오픈한 커퍼커퍼 1호점과 여전히 커피거리의 상징처럼 남아 있는 커피 자판기

은 여름 피서철에 동해안 해수욕장이 성수기를 보내고 나면 관광객이 현저히 줄고 인적이 드문 그야말로 한적한 도시가 된다. 커피와 관련해 별다른 연관성이 없었던 강릉에 2000년 들어 안목항을 중심으로 커피 전문점이 하나둘 자리를 잡아 가고 커피 1세대라고 표현되는 커피 장인들이 강릉에 터전을 마련하면서부터 강릉은 커피의 메카로 점차 변모해 갔다.

필자의 커피커퍼가 안목해변에 1호점을 오픈한 것도 2001년이었다. 시간을 거슬러 올라가 보면 2000년대 초반만 해도 안목해변은 커피 전문점들로 가득한 오늘날의 모습과는 달리 몇몇 작은 횟집과 커피 자판기만이 군데군데 세워져 있는 그야말로 한가한 해변이었다. 그랬던 강릉에 우리나라를 대표하는 바리스타 명장들이 자리 잡고 커피박물관과 커피거리, 상업용 커피 공장 등이 들어서자 입소문을 타고 커피를 즐기려는 관광객들이 전국에서 모여들기 시작했다. 강릉에 커피 문화의 바람이 일어나고 해마다 커피의 도시로 거듭나게 되자 2009년에 지방자치단체가 개최하는 커피 축제로는 최초인 강릉커피축제가 기획되었다.

2017 강릉커피축제
10.6(FRI) ~10.9(MON)
"설레는 마음으로
강릉커피축제의 여덟 번째
초대를 시작합니다.
바닷길과 솔숲을 걸으며 만나는
500여 개의 아름다운 커피숍들과
함께 기다리겠습니다.
10월의 낭만이 담긴 가을
아름다운 강릉에서
커피맛의 향연을 즐기시기 바랍니다."
장소 - 강원 강릉시 경강로2021번길 9-1
(명주예술마당)
강릉문화재단 커피축제사무국
전화 - 033-647-6802
팩스 - 033-647-6801
이메일 - gncaf@naver.com
트위터 - twitter.com.gcoffeefestival
8TH
강릉커피축제
Gangneung Coffee Festival
www.coffeefestival.net
주최 솔향강릉
PINE CITY GANGNEUNG
주관 강릉문화재단

2018년 제10회 강릉커피축제 홍보 포스터

제1회 강릉커피축제는 2009년 10월 30일부터 11월 8일까지 안목해변과 사천해변, 경포 시내 전역에서 펼쳐졌다. 제1회 강릉커피축제에 참가한 커피커퍼는 1,500그루의 커피나무를 전시하고 우리나라, 그것도 강릉에서 커피나무가 자라고 있음을 세상에 알렸다. 처음 열린 축제의 성공에 힘입어 제2회 강릉커피축제부터는 더 많은 커피 전문점의 참여가 이어졌다. 그때는 커피커퍼 왕산점 커피박물관과 함께 커피커퍼 2~3호점도 축제에 동참했다. 작년에 열린 제10회 강릉커피축제는 '커피 도시와 녹색+상상'이라는 주제 아래 2018년 10월 5일부터 9일까지 열렸다. 2018년은 특별히 평창 동계올림픽 덕분에 강릉 시내 거리마다 수많은 커피 마니아들과 관광객들로 가득했다.

열 번의 강릉커피축제가 열리는 동안 매년 다양한 프로그램과 문화 행사가 기획되었고 수많은

호랑이를 상징으로 제작된 강릉커피축제 공식 엠블럼

커피 마니아들의 열띤 호응을 받았다. 그런데 커피 도시 강릉을 역사적으로 살펴보면 의외로 차茶 문화와 연관이 깊다. 신라 시대부터 화랑들이 차를 마시며 정취를 즐겼다는 기록이 전해져 오고, 국가의 흥성興盛을 바라는 신전을 마련하여 차를 대접했다는 '다도 유적'이 바로 강릉 옛 한송정 부근에 남아 있다.

강릉은 과거에 차 문화를 꽃피웠고 현대에 들어와서는 커피의 도시, 더 나아가 커피 문화를 축제로까지 발전, 승화시켰다. 오랜 전통의 차 문화와 현재의 커피 문화가 한데 어우러져 강릉이 축제의 도시로 자리매김하기를 바라 본다.

1840년 유리와 도자기로 제작된 영국의 사이펀 커피 메이커(커피커퍼박물관 소장)

참/ 고/ 문/ 헌

《노인과 바다》, 어니스트 헤밍웨이 지음, 김욱동 옮김, 민음사

《누구를 위하여 종은 울리나》, 어니스트 헤밍웨이 지음, 김유조 옮김, 시사영어사

《루디's 커피의 세계, 세계의 커피》, 김재현 지음, 스펙트럼북스

《완벽한 커피 한 잔》, 래니 킹스턴 지음, 신소희 옮김, 벤치워머스

《전광수의 로스팅 교과서》, 전광수 지음, 달

《커피 교과서》, 호리구치 토시히데 지음, 윤선해 옮김, 달

《커피 기행》, 박종만 지음, 효형출판

《커피, 나를 위한 지식 플러스》, 졸라 지음, 김미선 옮김, 넥서스북스

《커피 바이블》, 서진우 지음, 대왕사

《커피 상식사전》, 트리스탄 스티븐슨 지음, 정영은 옮김, 길벗

《커피 수첩》, 김은지 지음, 우듬지

《커피 세계사》, 탄베 유키히로 지음, 윤선해 옮김, 황소자리

《커피 아틀라스》, 제임스 호프만 지음, 김민준 · 정병호 옮김, 아이비라인

《커피 인사이드》, 유대준 지음, LION

《커피 입문자들이 자주 묻는 100가지》, 전광수 커피아카데미 지음, 달

《커피의 역사》, 하인리히 E. 야콥 지음, 박은영 옮김, 우물이있는집

《커피 용어사전》, 아이비라인 출판팀 지음, 아이비라인

《핸드드립 커피 이야기》, 김동희 지음, 밥북

《All about COFFEE DICTIONARY》, 김일호 지음, 백산출판사

《COFFEE DICTIONARY》, 맥스웰 콜로나-대시우드 지음, 김유라 옮김, 자작나무숲

〈2016 가공식품 세분시장 현황 – 커피류 시장〉, 농림축산식품부 · 한국농수산식품유통공사

〈세계의 커피 산업 생산 및 소비 동향〉, 《세계농업》 제198호

cappuccino latte mocha coffee
cafe americano
espresso
cafe latte coffee espresso
espresso americano
latte cafe latte
latte coffee cafe
americano frappucino
cappuccino
cafe cappuccino
frappucino cafe
cafe au lait americano cafe
espresso latte
latte mocha coffee
mocha

cappuccino latte mocha coffee
cafe americano
espresso
cafe latte coffee espresso
espresso americano
latte cafe latte
latte coffee cafe
americano frappucino
cappuccino
cafe cappuccino
frappucino cafe
cafe au lait americano cafe
espresso latte